しごと場見学！

ごみ処理場・リサイクルセンターで働く人たち

しごとの現場と
しくみが
わかる！

漆原次郎 著

全国中学校進路指導・キャリア教育
連絡協議会推薦

ぺりかん社

この本でみなさんに
伝えたいこと

　私たちが日々の暮らしの中でひんぱんに利用する場所や、どこの町にでもある施設――このシリーズではそんな場所や施設を取り上げています。身近にいるのにふだんはなかなか会えない人、直接働いている姿を見る機会が少ない仕事、めったに入れない場所。そんな人や仕事にスポットライトを当てて、紹介していくのがこのシリーズの特徴です。

＊　＊　＊

　この本のテーマは「ごみの処理」です。私たちが暮らしの中で生じさせたごみを、誰がどのようにして片付けてくれているのか。その仕事の数々を、あますことなく伝えていきたいと思っています。
　みなさんが「ごみ処理」の仕事で身近に感じるのは、ごみ収集車に乗ってごみ置き場にあるごみを集めている人たちではないでしょうか。もちろんその作業をする人も登場します。
　でも、その先のプロセスは、どうなっているんだろう。ごみは、どのように処理されて、最後の最後にはどこにたどりつくんだろう。そして、それらの仕事に、どんな人たちがたずさわっているんだろう……。
　そんな疑問に答えるため、この本では、私たちがごみを出してから最後の段階に至るまでのプロセスをくわしく紹介します。それぞれのChapter（章）の順番は、ごみ処理のプロセスとだいたい同じ順になっています。
　まず、Chapter1では、ごみ処理の全体の流れを紹介するので、「だいたいこんな感じなのね」とつかみ取ってください。

つぎの、Chapter 2から、いよいよごみ処理のプロセスが始まります。まずは、ごみ収集車に乗って町のごみを集める収集作業員の仕事を紹介します。

　つぎの、Chapter 3は、「ごみを燃やす」「分ける」「小さくする」といった大切な作業を担う施設で働く人たちに話を聞いていきます。

　そして、Chapter 4では、少し見方を変えて、「ごみ処理を支える仕事」に光を当てて、それぞれの場所や場面で活躍する人たちの働きぶりを伝えたいと思います。

　そして、Chapter 5では、私たちが出したごみの「最後のすがた」をみなさんに知ってもらいます。

　最後に、Chapter 6では、「ごみ」を再び「もの」としてよみがえらせる施設で働く人に登場してもらいます。

　ごみ処理の仕事についてお話をしてくれるのは11人の人たち。加えて、この本では、「美保さん」と「清田くん」という中学生が登場して、いろいろな施設を見学したり、仕事を体験したりします。ぜひ、みなさんも2人になったつもりで、ごみ処理の施設を"体験"してくださいね。

　みなさんがこの本を読んで、ごみに対する見方が変わったり、ごみ処理にかかわる人たちの仕事についての興味がわいたりしたら、とてもうれしいです。

著者

ごみ処理場・リサイクルセンターで働く人たち　目次

この本でみなさんに伝えたいこと ……………………………… 3

Chapter 1

ごみが家から出てごみ処理場に運ばれるまで

ごみ処理場・リサイクルセンターが私たちの暮らしを支える ……… 10
ごみ処理の流れをイラストで見てみよう ………………………… 12

Chapter 2

ごみ収集作業ではどんな人が働いているの？

ごみの収集の仕事をCheck! …………………………………… 20
ごみの収集をイラストで見てみよう ……………………………… 22
働いている人にInterview!① ごみ・資源の収集係 ……………… 30

Chapter 3

ごみ処理場ではどんな人が働いているの？

ごみ処理場の仕事をCheck！ ……………………………… 38

ごみ処理場をイラストで見てみよう ……………………… 40

働いている人にInterview!②ごみ処理場の運転係 ……………… 54

働いている人にInterview!③ごみ処理場の整備係 ……………… 60

働いている人にInterview!④ごみ処理場の技術係 ……………… 66

働いている人にInterview!⑤ごみ処理場の管理係 ……………… 72

働いている人にInterview!⑥ごみ処理場の工場長 ……………… 78

働いている人にInterview!⑦**不燃ごみ処理施設の担当** ………… 84

働いている人にInterview!⑧**粗大ごみ処理施設の担当** ………… 90

　ごみにまつわるこんな話1、2、3 ……………………… 96

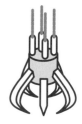

Chapter 4

ごみ処理を支えるために、どんな人が働いているの？

ごみ処理を支える仕事をCheck！ ・・・・・・・・・・・・・・・・・・・・・・・・・ 104

働いている人にInterview!⑨ごみ処理場の建て替え担当 ・・・・・・・ 110

働いている人にInterview!⑩国際協力担当 ・・・・・・・・・・・・・・・・・ 116

　　ごみにまつわるこんな話4 ・・・・・・・・・・・・・・・・・・・・・・・ 122

Chapter 5

ごみが最終処分場へ運ばれるまで

最終処分場の仕事をCheck！ ・・・・・・・・・・・・・・・・・・・・・・・・・ 126

最終処分場をイラストで見てみよう ・・・・・・・・・・・・・・・・・・・・ 128

Chapter 6

リサイクルセンターでは、どんな人が働いているの？

リサイクルセンターの仕事をCheck！ ……………………… 136

リサイクルセンターをイラストで見てみよう ……………… 138

働いている人にInterview!⑪ **リサイクルセンターの修理スタッフ** … 144

　　ごみにまつわるこんな話5 ……………………………… 150

この本ができるまで ……………………………………… 152

この本に協力してくれた人たち ………………………… 153

Chapter 1

ごみが家から出て
ごみ処理場に
運ばれるまで

Chapter 1　ごみが家から出てごみ処理場に運ばれるまで

ごみ処理場・
リサイクルセンターが
私たちの暮らしを支える

ごみを出したところからごみ処理は始まる

　いらなくなったものを「ごみ」っていうよね。たとえば、バナナを食べると、むいた黄色い皮はごみになる。ほかにも、鼻をかんだあとのティッシュペーパー、ジュースを飲み終わったあとのびん、壊れて使わなくなった椅子など、いろいろなものがごみになる。

　私たちがいつもどれくらいのごみを出しているのかというと、一人当たり、一日でおよそ1キログラムというデータがあるんだ。つまり、ふつうに暮らしていて2カ月も経つと、みんなの体重を超えるくらいの重さのごみが生まれることになる。とはいっても、大人のほうが、会社でほかの社員に紙の書類を配ったり、新聞を買って読んだりしているから出すごみの量は多いだろうけれど。

みんなの家にも、ごみ箱があって、そこにごみをためておくよね。そして何日かに一度、ためたごみを家の近くのごみ置き場に持っていくよね。たぶん、朝、学校に行くときなどに、ごみ置き場のごみを集めにごみ収集車がやってくるのを見たこともあるでしょ。

　けれども、ごみ置き場でごみ収集車に入れられたごみは、そのあとどうなっていくんだろう？　ごみ収集車はどこに行って、ごみはどのように扱われて、そして最後の最後にはどのようになるんだろう？

　私たちにとっては、「ごみを出す」というのは、使ったものとさよならすることだから「終わり」のような感じがする。でも、ごみ置き場にごみを出すことは、ごみが処理されるまでの道のりの「はじまり」でもあるんだ。そして、その道のりには、いろいろな人がたずさわって仕事をしている。

　まず、ここでは、出されたごみがどのようになっていくかをおおまかに見ていくことにしよう。

可燃、不燃、粗大、資源などに分けられる

　みんなの住んでいる町でも、たぶん「可燃ごみ」「不燃ごみ」「粗大ごみ」のように、ごみの種類を分けているんじゃないかな。可燃ごみは、バナナの皮のような燃やせるごみのこと。不燃ごみは、割れてしまったお茶碗のような燃やせないごみのこと。そして粗大ごみは、椅子やソファー、ベッドのような大きなごみのこと。みんなの住んでいる市や区、また町や村によっては、もっと細かくごみの出し方を分けているかもしれないね。

　どうして出すごみを種類ごとに分けるんだろう？　その主な理由は、ごみの種類によってその後の処理のしかたが異なってくるからだ。たとえば、不燃ごみを、可燃ごみと同じように燃やそうとしても燃えないから、いっしょには処理できない。それに、空き缶、空きびん、ペットボトルなどは、そのままの形で、あるいは姿を変えて再び使われることが

Chapter 1　ごみが家から出てごみ処理場に運ばれるまで

ごみ処理の流れを イラストで見てみよう

熱エネルギー有効利用

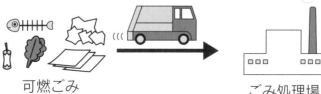

可燃ごみ
（燃やすごみ）

ごみ処理場

資源になる
焼却灰

不燃ごみ
（燃やさないごみ）

不燃ごみ処理施設

資源をとり出

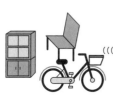

粗大ごみ
（大きなごみ）

粗大ごみ処理施設

燃えるものを
とり出す

資源を
とり出す

資源
（新聞・雑誌・びん・かん・ペットボトルなど）

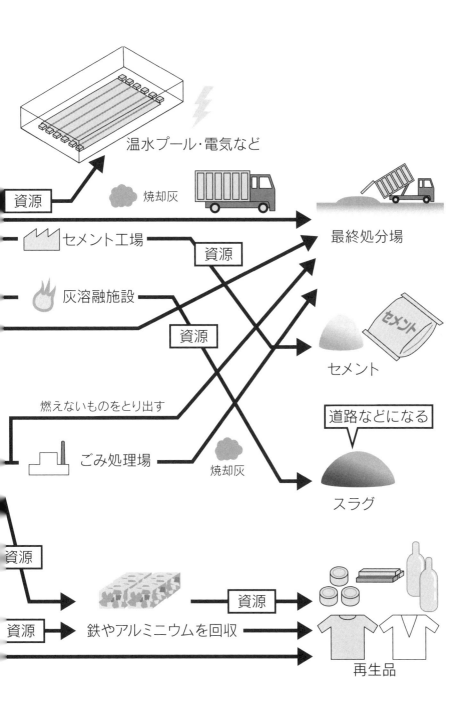

多いから「ごみ」というより「資源」として扱(あつか)われる。これらをほかのごみといっしょに集めてしまうと、たくさんのごみのなかから空き缶(かん)、空きびん、ペットボトルを選び出さなければならなくなる。

　分けないで混ぜてしまってから、あらためて分けていくというのはやっぱりむだなことなんだよね。みんなも学校のかばんに、その日の授業がある国語の教科書やノートも、授業のない数学や理科の教科書と参考書をなにもかも入れて学校に持っていったら、その中から国語の教科書とノートを取り出すのはちょっとたいへんでしょ。それと似ているね。

　可燃ごみ、不燃ごみ、粗大(そだい)ごみのうち、多くの町でもっとも多くの量が出ているのは可燃ごみ。そこで、まずは可燃ごみがどうなっていくかを追っていくことにしよう。

ごみ処理場で、可燃ごみを燃やして灰に

　バナナの皮や、魚の骨、割りばし、ティッシュペーパーなどが可燃ごみ。カップめんの容器などのプラスチックも燃やせるので、可燃ごみとされることが多いんだよ。

　ごみ袋に入れられた可燃ごみは、ごみ収集車でやってきた作業者たち（→Chapter2）によって、ごみ収集車の荷箱に入れられる。そして、まずは「ごみ処理場」あるいは「清掃(せいそう)工場」と呼ばれる建物にたどりつく。みんなの住んでいる町の近くにもあるかもしれないね。高い煙突(えんとつ)が目印だよ。

　ごみ処理場の大きな役目は、可燃ごみを燃やすこと。そのためにたくさんの人が働いている（→Chapter3）。なぜ燃やすのかというと、理由のひとつはごみを小さくするため。ものが燃えると灰になることは、みんなも知っているよね。可燃ごみを燃やして灰にすると、その体積はなんと20分の1まで小さくなる。

　もし、可燃ごみを燃やさずにそのままにしておいたら、日本(にほん)はごみであふれかえってしまうかもしれないね。だから燃やして灰にして、ごみ

の体積を小さくする。

　それに、燃やすことで、生ごみなどの腐ったにおいをなくせるし、細菌の発生しやすいごみも灰にできる。燃やされてできた灰を、建物を建てるときなどに使うセメントの材料にすることもできるんだ。ただし、灰をセメントの材料にするにはお金がかかることもあって、量は限られている。

　多くの灰はダンプ車などに積まれてごみ処理場から出ていき、「処分場」または「最終処分場」と呼ばれるところにたどりつく（→Chapter5）。そこが、私たちが出した多くのごみが最後に置かれる（捨てられる）ところだ。

　海のほうにつくった処分場では、人工の島がつくられていくように灰が埋め立てられていく。一方で、山のほうにつくった処分場では、森林がきられてつくられた大きな穴に、灰が埋め立てられていく。

　ごみを燃やさないと、日本はごみであふれかえるとさっき話したけれど、このことは最終処分場についてもいえる。最終処分場の広さには限りがあるんだよ。最終処分場には、ごみを灰にして、体積を小さくしてから運び込む。そして、なるべく少しずつ、少しずつ、最終処分場に灰を捨てていく。つまり長いあいだ最終処分場を使い続けられるようにするということが、大切な考え方なんだ。

不燃ごみ、粗大ごみにもルートが

　ごみには、可燃ごみのほかに、不燃ごみや粗大ごみなどもあると話したよね。不燃ごみは、ごみ処理場で燃やすことができないごみ。だから、可燃ごみとは別に、不燃ごみを集める車で運ばれて、不燃ごみを扱う施設にたどりつく。そこで、資源として再び使える鉄やアルミニウムなどは分けられて、そのほかは可燃ごみと同じように最終処分場に運ばれて捨てられるんだ。

　粗大ごみも、粗大ごみを扱う施設に運ばれる。そこで、鉄やアルミニ

ウムなどの資源になるものは分けられる。そのほかのごみは小さく砕かれてから破砕ごみ処理施設などで焼かれて灰になり、最終処分場に運ばれるんだ。

「ごみ」と思っても、それは「資源」

　忘れちゃいけない、資源のことについても、話しておかないとね。
　読み終えた本などの紙のものや、コーラなどが入っていた空き缶、それに空きびんなどを私たちはごみ置き場に置くけれど、これらは多くのところでは資源として集められる。
　たとえば、紙は水に入れてふやかしてほぐすと、再び新しい紙（再生紙という）の材料にすることができる。また、空き缶の材料であるアルミニウムや、空きびんの材料であるガラスなどもそれぞれ、新しくアルミ製品やガラス製品の材料にすることができる。なので、紙やアルミ缶や空きびんなどは、資源として集められるんだ。そして、多くの場合、これらは再び使うための処理をするための会社などに運ばれていく。
　みんなも「リサイクル」とか「リユース」という言葉を聞いたことがあるかもしれないね。
　リサイクルは、いらなくなったものを別の材料にして使うこと。本などの紙を、いったん材料に戻して再生紙にする、といったことはリサイクルのひとつだ。
　一方、リユースは、誰かがいらなくなったものをそのままの形でまたほかの誰かが使うこと。みんなが勉強で使った参考書を、弟や妹が使うのもリユースのひとつだね。
「ずっと乗っていた自転車、もう小さくて私は乗れないけれど、ごみにするのはもったいない……」
　そんなことを考えている人もいるかな。確かに誰かに使ってもらえれば、ごみにならずに役立つよね。
　このように、粗大ごみになってしまうようなものを、受け入れて修理

し、誰かに引き取ってもらうための施設もあるんだ。これは「リサイクルセンター」と呼ばれている（→Chapter 6）。

いらなくなったものをそのままの形で使うのは「リユース」のほうだから、本当は「リユースセンター」と呼んでもいいかもしれない。実際にそう呼んでいるところもあるけれど、きっと「リサイクル」のほうがより知られた言葉だからだろう、「リサイクルセンター」と呼ばれることが多いんだ。

もし、ごみを処理する人がいなかったら……？

もうみんなもわかったでしょ。私たちが出したごみは、なるべく最後までごみとして捨てられないようにするために、いろいろなルートをたどって処理されていくんだ。

そして、そこには、それぞれの仕事にたずさわっている人たちがいる。ごみ置き場のごみを回収する人たち、ごみ処理場で働く人たち、不燃ごみや粗大ごみの処理施設で働く人たち、最終処分場で働く人たち、リサイクルセンターで働く人たち。こうした人たちが、私たちの暮らしを支える、社会の中で大切な役割をもっている。もしも、ごみ処理の仕事にかかわる人たちが突然いなくなってしまい、「今日からはごみを誰も処理しないので、みなさんでどうにかしてください」なんていうことになったら、ごみが町にあふれかえり、においや病気も広がるだろうし、困ってしまうよね。

私たちがあたりまえのように生活を送れるのは、ごみ処理場やリサイクルセンターで働く人たちがいるからなんだ。そう考えると、「ごみ処理にたずさわるって、私たちを支えてくれているとてもかっこいい仕事だな」っていう気がしてくるでしょ。

つぎのChapter 2からは、実際に仕事をしている人たちにも登場してもらうから、みんなもごみ処理場やリサイクルセンターといった「しごと場」を見学に行ったような気分になって、読んでみてね！

Chapter 2

ごみ収集作業では どんな人が 働いているの？

Chapter 2　ごみ収集作業ではどんな人が働いているの？

ごみの収集の仕事を Check!

朝、ごみをごみ置き場に
出すけれど、そのごみは
どんな人たちに収集されて
どこへ運ばれて
いくのだろう？

　家からごみ置き場に出したごみは、どのようにして運ばれていくのだろう。ごみの収集の作業を見学するため、中学生の美保さんと清田くんは住んでいる地区のごみ処理場と同じ敷地にある清掃事務所を訪れた。

　美保さん「清田くん、おはよう！　ごみの収集に、係の人といっしょに回れるなんて、なんかわくわくするわー」

　清田くん「そうだね！」

　ごみ収集担当者（以下、収集担当）「おはようございます」

美保さん・清田くん「おはようございます。よろしくお願いします」
収集担当「朝、早いのによく来たね」
清田くん「部活の朝練も、7時半からありますからね」
美保さん「朝、学校に行くとき、ごみ収集係のみなさんがごみ置き場で

ごみを収集車に入れているのをよく見かけます」
収集担当「じゃあ、今までも2人とは町のどこかで会っていたのかもしれないね。今日は、朝いちばんのごみ収集ルートに2人もついてきてもらうからね」

いざ、収集へ！

　美保さん・清田くんとごみ収集担当者は、ごみ収集車の駐車場へ。同じチームの運転者と、もう一人の収集担当者も出発の準備をしている。
収集担当「今回のルートではご近所を回るだけだから、2人は私たち収集担当者といっしょに歩いてきてくれるかな」
清田くん「……（え、車に乗れないの）は、はい」
美保さん「もちろんです！　それにしても、ごみ収集車って近くで見るとぴかぴかですね」
収集担当「そうだね。**どの車もごみの収集作業が終わった夕方に洗っているんだよ、毎日ね**」
清田くん「えっ、毎日。まめに洗っているんですね」
収集担当「いつもきれいにしておかないとね。車を洗うと明日もがんば

Chapter 2　ごみ収集作業ではどんな人が働いているの？

ごみの収集を イラストで見てみよう

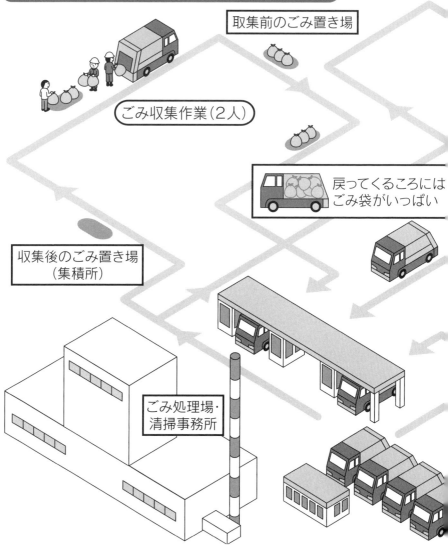

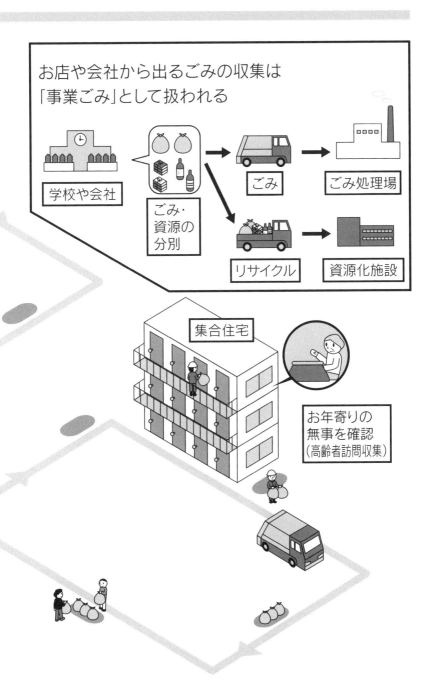

ろうっていう気持ちにもなる。それに、いつか新車に替えるとき車を買い取ってもらうんだけれど、きれいなほうが高く売れるからね」
清田くん「そこまで考えているんですね」
収集担当「そう、いろいろ考えているでしょ。じゃあ、出発しよう！」

どんどん収集車に積み込まれて

　清掃事務所を出発し、すぐ近くの住宅地のごみ置き場へ。収集担当者たちが、ごみ置き場のネットをめくり、ごみをつぎつぎと収集車のおしりのところに入れていく。積み込み装置が動いて、ごみ袋がどんどん荷箱の中へと入っていく。
美保さん「あー、収集担当者さんってかっこいい！　それにごみが車の奥に入っていくのも、見ていて飽きないわー」
清田くん「美保さんって、意外な趣味なんだね……」
収集担当「よし、ここは終わり。つぎのごみ置き場に行くよ」
美保さん「あれ。ごみ袋がひとつ、まだ残っている……」
収集担当「あれはね、**今日、集めている燃えるごみではなく、空き缶が入った袋なんだ。**『資源です　資源回収日にあらためてお出しください』

> **コラム　ごみ収集車にもエコカーが登場**
>
> 　ごみ収集車は、軽油という燃料によって、エンジンを動かして走っている。実は、この軽油とエンジンの仕組みは、ごみを積み込むための装置にも使われてきた。ごみ置き場で車が止まっているとき、エンジンを吹かすことで、積み込み装置を動かしているんだ。けれども、これだと音もうるさく、また排気ガスも多く出るため、ちょっと課題にもなっている。
>
> 　そこで、誕生したのが新型のごみ収集車だ。ごみの積み込み装置の部分は電気とモーターで動くようになっている。これなら装置が動いても音は静か。それに、軽油を使うのは走るためだけになるので排気ガスの量を抑えられるし、エネルギーのコストも少なくてすむ。車に電気を使うという動きは、ごみ収集車にも起きているんだね。

って書いてあるシールを貼って、置いておくんだ」
美保さん「決められた曜日に出さないとだめなんですね」
収集担当「そういうことだね」
清田くん「つぎのごみ置き場までどのくらいなんですか」
収集担当「ほら、すぐそこに見える団地の入り口だよ。……あ！　カラスだっ。こらー、カラスめー！」

Chapter 2　ごみ収集作業ではどんな人が働いているの？

カラス「カー、カー（うわ、見つかった、ここはエサをあきらめるしかないな）」

美保さん「すごい。カラスともたたかうのですね」

収集担当「たまにね。ごみを出す人には、ネットの内側にごみを出してもらったり、鉄の柵のごみ置き場をつくってもらったりしているんだけれど、たまにカラスがエサを探しにきて、ごみ袋をつつくんだ」

　団地の人「あ、おはようございます」

収集担当「おはようございます。いつも収集時間にごみを出してくださり、ありがとうございます」

団地の人「いえいえ、今日もご苦労さまです」

収集担当「よし。ここも収集、終わり。つぎは、団地の2階に行くよ」

美保さん「えっ。2階にごみ置き場があるんですか」

収集担当（階段をのぼりながら）「ごみ置き場はないけれど、お年寄りの方が一人で住んでいる部屋があるから、部屋の前に出してもらったごみを取ってくるんだ。ごみを出すため階段をおりたりのぼったりするのは、お年寄りには大変だからね」

美保さん「こういうこともしているんですね」

収集担当（玄関前で）「よし。ごみが出ているから、今日も異常なさそ

うだ。**ごみが出ているかどうかが、お元気かそうでないかの目印にもなるんだよ。ごみが出ていないときは、チャイムを鳴らしたり、お年寄りの介護をしている人に連絡をしたりもするんだ**」
美保さん「ごみ収集の人が、そんな役割も果たしているなんて！」
清田くん「美保さん……。目がハートになってきたよ……」

ごみは処理場へと運ばれる

　ごみ置き場でごみをつぎつぎと集めていく。45分後、出発地の清掃事務所と同じ敷地にあるごみ処理場に到着。
収集担当「さあ着いた。ごみ収集車に積み込んできたごみ袋をごみ処理場ですべて出すんだ。それを燃やして灰にして量を小さくするんだよ」
美保さん「車がごみ処理場の入り口ゲートでストップしていますね」
収集担当「あそこには**計量機、つまり体重計みたいな装置があって、集めたごみの重さを量る**んだ。この地区から、月にどれだけの重さのごみが出たかなどのデータは、ごみを集めたり、ごみの量を減らすための方法を考えたりするための大切な情報になるからね」
清田くん「あっ。車が動き出して、建物に入っていった……」

Chapter 2　ごみ収集作業ではどんな人が働いているの？

収集担当「うん。あの建物の向こうに、プラットホームっていう場所があるんだ。2階にプラットホームを見わたせる場所があるから、私についてきて」
清田くん「さっきから走りっぱなしで、かなり疲れました」
収集担当「清田くん、部活は運動部でしょ。がんばれ、がんばれ」
清田くん「いえ、丸刈りにしていますが、文化部なんです」
美保さん「がんばれ、がんばれ」
収集担当「さあ着いたよ。見えるかいプラットホーム。私たちのチームの車が入ってきた」
美保さん「柱に『4』っていう数がぴかぴかと光っていますね」
収集担当「停車する場所を伝えているんだ。**手前から4番目にとめなさいってことだよ**」
清田くん「うわぁ、車がおしりを向けてとまったら、その先は、めちゃくちゃ大きくて深い"ごみため"じゃないですか」
収集担当「そう。**ごみバンカっていうんだ**」
美保さん「車が4番にとまった」
収集担当「とめてから、荷箱にためたごみを奥のほうから手前へと電動で動く板を使って出していくんだ。集めたごみが出てきたでしょ」

プラットホームでは？

指示された番号からごみバンカにごみを落としてゆく

学校などで出るごみは、家で出るごみと別扱い

　みんなが学校で出すごみも、家のごみと同じように町のごみ置き場に置かれるんだろうか。答えはノー。別に扱われるんだよ。家から出る「家庭ごみ」とは別に、学校や企業や病院などから出るごみは「事業系ごみ」と呼ばれる。事業系ごみは、市や区などのごみ収集車が集めるのでなく、一般廃棄物収集運搬業者、または産業廃棄物収集運搬業者と呼ばれる会社が集める。学校や企業や病院などは、こうした専門の会社にお金を払ってごみを集めてもらっているんだ。

　集められた学校や企業のごみは、ごみ処理場に運ばれることも多いが、そのときも廃棄物収集運搬業の会社は、ごみ処理場を使わせてもらうためのお金を払って車を入れさせてもらう。

清田くん・美保さん「すごい！　どんどんごみが出てきて落ちていく！」
収集担当「よし。これで、朝いちばんのごみ収集は終わりだよ。**私たちはまた同じ車に乗って、つぎのごみを集めるルートを回っていくんだ。**２周目もついてくるかい」
美保さん「わーい、行きたいでーす」
清田くん「ぼく、もう、ムリです」

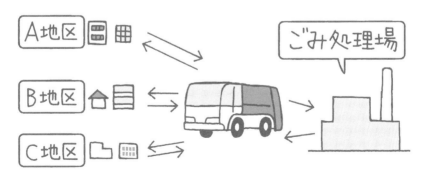

Chapter 2　ごみ収集作業ではどんな人が働いているの？

働いている人にInterview! ①
ごみ・資源の収集係

人びとの生活の中で
出されるごみと資源を、
ごみ置き場を回って収集する。

林　寛之さん
（はやしひろゆき）

世田谷区清掃・
リサイクル部
（せたがやくせいそう）（ぶ）

砧 清掃事務所作業・ご
み減量係収集職員。工業
高校を卒業し、自動車を
整備する工場で1年ほど
働く。その後、東京都
の看護師をしていた母の
勧めもあり、東京都の清
掃局に入局。2000年に
ごみ収集の管理者が都か
ら23区に移り、世田谷区
のごみ収集職員となる。

Interview!

ごみ・資源の収集係ってどんな仕事?

ごみや資源を、収集車に乗って集めていく。また、ごみ置き場にごみを出すのが大変なお年寄りや障がいのある方の家の玄関(げんかん)でごみを集める訪問収集では、住んでいる人に異常がないか確かめる役目も果たす。ときに、死んだ動物を、飼(か)い主の家に引き取りに行くこともある。

収集車に乗ってごみを集める

　みなさんは町で、ごみ収集車に乗ってごみなどを集めて回っている職員を見たことがあると思います。私は、東京都の世田谷区の職員として、ごみと資源の収集の作業をしています。可燃ごみとも呼ばれる燃やすごみを集めるときには、ごみ収集車に乗って、また、不燃ごみを集めるときには、小型のトラックのような車に乗って、世田谷区内の町を回っています。

　ちなみに、区がごみ収集会社に作業の一部を委託(いたく)していて、たとえば不燃ごみを集めるトラックはその会社の社員の方が運転しています。

　収集車の荷箱に満杯(まんぱい)にはならないくらいのごみ袋(ぶくろ)を入れられるルートをあらかじめ組んでいて、そこを回っていきます。1回まわるのに40〜50分くらい。それを、朝8時過ぎから、午後3時ごろまで、お昼休みを挟(はさ)みながら数回くり返します。

　仕事は体力勝負ですね。特に大変な季節は夏です。晴れているとき暑いのはもちろん、雨が降ったときはさらにカッパと長靴(ながぐつ)を身につけるため、サウナスーツを着ている感じになります。作業をしてふらふらにならないよう、朝ごはんはきちんと食べるようにしています。仲間の収集係もみんなそうしています。

Chapter 2　ごみ収集作業ではどんな人が働いているの?

訪問収集で見守りを

　仕事のやりがいは、近くに住んでいるみなさんと接することが多いことですね。私は仕事として、ごくあたりまえにごみと資源の収集をしていますが、ごみ置き場などで住民のみなさんにお会いすると「いつもありがとうございます」などと感謝されることがあります。「やっていてよかったな」とやっぱり思いますよ。

　この仕事だけではないかもしれませんが、やっぱり仕事ではあいさつが何より大切だと思っています。朝、住民のみなさんにお会いして「おはようございます」。午後には「こんにちは」。これを言うことで、みなさんへの印象もよくなると思います。

　みなさんは、訪問収集を知っていますか？　お年寄りやお体の不自由な人の家の玄関前にごみを取りに行くことですが、これも私の仕事です。高齢社会と呼ばれるようになって、訪問収集することがしだいに増えてきました。世田谷区内では160軒以上の訪問収集をしています。

　ごみが出ていないときは「だいじょうぶかな」と心配して、インターホンでお声がけしたり、または介護をなさっているケアマネジャーの方

これからごみ収集に出発！

に連絡して確認してもらいます。過去には、ごみが出ていないお家の中で倒れていた方がいて、急いで病院に連れていき、命をとりとめたといったこともありました。

　それに、いっしょにごみ収集をする係の人たちとも、作業しているとき「オーライオーライ」とか「ストップ」とか、声をかけあうことも大切です。安全第一ですからね。

　たまに、ごみ収集車に、住民の人が慌ててご自分でごみ袋を入れようとすることがありますが、手を挟まれたりする危険があるので、そのときは緊急停止ボタンをすぐ押して作業を止めます。どうか、ご自分ではごみ袋を入れようとせず、私たち

ごみ・資源の収集係のある1日

7時40分	業務開始。それまでに作業服などに着替えて準備しておく。
8時5分	運転手、もう一人の作業員と3人で収集を始める。
9時	予定されていたルートを回り、1回目の収集を終える。お昼までにあと4回、異なるルートを回って収集。
12時15分	清掃事務所内で昼食・休憩。
13時	午後の収集を始める。午後は2回、異なるルートを回って収集。
14時50分	翌日の収集ルートの予定などを確認。
16時25分	業務終了。

手際よく収集車の荷箱に積み込みます

に渡すようにしてくださいね。

ごみの行く末を考えて

みなさんは、ごみ置き場に出すものは、みんな「ごみ」と思っているかもしれません。けれども、ペットボトルは、細かく切り刻んでさまざまな製品の原料にすることができますし、アルミ缶などは溶かしてまたアルミ缶などにすることができます。こうした役に立つものは、ごみではなく「資源」なんです。町を回っていると、燃やすごみを出す曜日なのに、資源である缶が袋に入ってごみ置き場に置かれているときがあります。そうしたときは袋を出した人に気付いてもらうためにも、「これは資源です」と書かれたシールを袋に貼って、その袋は資源を回収する曜日まで置いておくようにします。

ごみとして出そうとするとき、みなさんが「これは、このあと何に使われるんだろう」といったことを考えてくれれば、そうした関心が、ごみを減らすことや資源のリサイクルにつながっていくんじゃないかなと思います。

ごみ置き場にカラスよけのネットは欠かせません

Interview!

これからも住みよい町をめざしていく

　今は、清掃事務所の班長として、係の人たちをまとめる役職についています。人によって体調のよい日も悪い日もありますから、目を配って、しんどそうな人には負担の少ない不燃ごみの収集に回ってもらうなどしています。

　私は、工業高校に通っていたとき、机に向かって勉強したりするのが好きではなく、体を動かしたいと思っていたので、このような仕事に就くことができてよかったと思っています。アルバイトなどから職員になろうと思っている若い人たちに話を聞くと、やっぱり体を動かしてみなさんに喜ばれるようなことが好きな人が多いですね。

　採用試験で受かるための勉強は必要ですが、それ以外では、体力とあいさつ、礼儀などの社会人の基本ができていればだいじょうぶだと思います。

　町を回る中で、特に高齢者や子どもたちの安全に目を配りながら、これからもごみを集めて、みんなが住みよい町をめざしていく。それが自分の使命だと思っています。

ごみ・資源の収集係になるには

どんな学校に行けばいいの？

　普通科、工業科、商業科は特に問わず、高校を卒業した人が、ごみ・資源を収集する係に就くことが多い。ただし、学歴を問わない市や区もある。また、最近は大学を卒業する人がめざすことも多くなった。

　実は人気のある仕事で、市や区が１人の係を新たに募集すると100人以上の応募があることも多いという。

どんなところで働くの？

　一日の多くの時間はごみ・資源を収集するため、その市や区の中の屋外で働くことになる。

Chapter 3

ごみ処理場では どんな人が 働いているの？

Chapter 3　ごみ処理場ではどんな人が働いているの?

ごみ処理場の仕事を

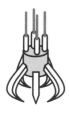
みんなが出したごみを、
なるべく小さくしたり、
資源として利用するために、
「ごみ処理場」
という施設がある。

　美保さんと清田くんは、ごみ収集車がごみ処理場にごみを入れる作業を見て、「その先、ごみがどうなるのかも見てみたい」と思うようになった。美保さんが清田くんに「ねぇ、ごみ処理場もくわしく見てみようよ」と誘って、2人で見学することになった。

中央制御室でごみ処理がうまくいっているかを確める

  美保さん「ごみ処理場にまた来ちゃったね」
清田くん「うん。こんな積極的な子どもっていうのもめずらしいと思うんだけど……」

 美保さん「そうよね。でも、おもしろそうじゃない?」
案内担当「美保さん、清田くん、おはようございます」

美保さん・清田くん「あっ、おはようございます」
案内担当「今日はごみ処理場にようこそ。２人には、まず焼却炉のあるごみ処理場を、使う設備と同じ順で見学してもらいます。その後お昼ごはんを食べたら移動して、不燃ごみと粗大ごみを処理する施設も見学してもらいます。一日、よろしくね」
美保さん・清田くん「こちらこそよろしくお願いします！」
案内担当「じゃあ、まずはここのお部屋から」
美保さん「テレビ画面のようなものがいっぱい並んでるんですね」
案内担当「そうね。ここは中央制御室といいます。中央というのは、ごみ処理場の中心になる大切なところという意味。制御室というのは、これから２人が見学する工場内のいろいろな設備をコントロールする部屋という意味よ。**ごみを燃やす設備やいろいろな設備を見守るために、それぞれの現場にカメラをつけていて、その映像がこの中央制御室で映し出される**の」
清田くん「へえ。テレビの生中継みたいですね」
案内担当「そうね。いいたとえね」
美保さん「だから、炎がボーボーしているのを映した画面などがあるんですね。あっ、それに、ボタンもいっぱいある……」

Chapter 3　ごみ処理場ではどんな人が働いているの？

ごみ処理場をイラストで見てみよう

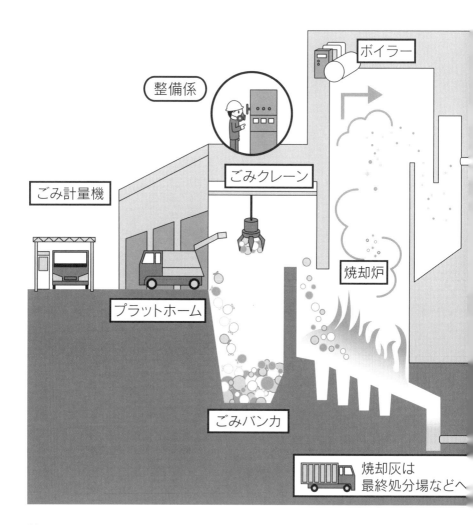

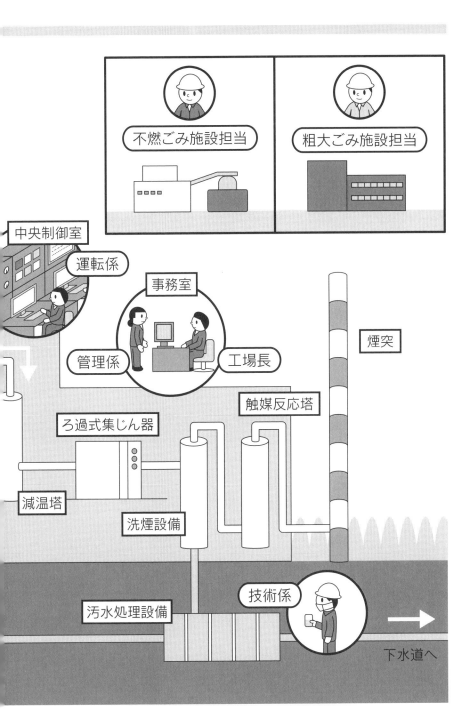

Chapter 3　ごみ処理場ではどんな人が働いているの？

案内担当「そうね、中心でコントロールするところだから、ここで**ボタンを押せば設備が動くのをやめたり、逆に再び動かしたりと、いろいろな操作ができる**の。燃やすときの温度が低かったら、ここで操作して燃やすのに使う空気の量を多くしたりすることもできるのよ」

清田くん「そうなんですね。あっ、あと、壁のほうに数字が見えます。『11794kW』って。あっ、変わった。今度は『11852kW』だって」

案内担当「あれはね、このごみ処理場で今、どのくらいの電気をつくることができているかを量で知らせているの。ほら、**ごみを燃やしたら火で熱くなるでしょ。その熱を電気のエネルギーにかえることができる**の。kWっていうのはキロワットという単位のこと。美保さんのおうちを1世帯、清田くんのおうちを1世帯って数えていくと、**1万世帯以上の電気をここでつくり出すことができる**のよ」

美保さん「すごい。私のうちのエアコンや冷蔵庫なども、このごみ処理場でつくった電気で動いているのかもしれないんですね」

案内担当「そうかもしれないわね。それではこの部屋を出て、ごみ処理場を回っていくことにしましょう」

清田くん「えっ。ごみがいっぱいある中や、火が燃えている中などに行くんですか……？」

 **水銀をごみに混ぜると危険**

　水銀という物質がある。理科の実験で、デジタルではない温度計などにも使われているから知っているかな。実は、この水銀を燃やすごみに混ぜて燃やしてしまうと、大変なことになる。水銀は燃やし続けると蒸発して空気中に散らばってしまうため、ごみ処理場の排ガスをきれいにする装置の部品などさまざまなものを交換したり、排ガスが通ったところをきれいにしたりしなければならないんだ。

　もし、みんなの家でも、水銀が入った体温計などがいらなくなったら、住んでいる地域の役所などに出し方を聞いて、正しく出すようにしよう。

案内担当「それは無理なので、安全なところから見てもらいます」
清田くん「ああ、安心した」

置かれているごみをクレーンでつかんで移す

案内担当「はい到着しました。ここからは何が見えますか」

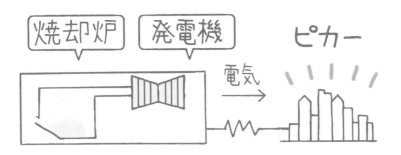

Chapter 3 ごみ処理場ではどんな人が働いているの？

清田くん「ごみ、ごみ、ごみ！」
美保さん「ここ、先日も見ました。確か**『ごみバンカ』**っていうんですよね」
案内担当「美保さん、そのとおり！ バンカは『くぼみ』っていう意味の言葉なの。ゴルフで砂のくぼみを『バンカー』っていうでしょ。それと同じよ」
美保さん「あっ、清田くん、奥のほうを見てみて！ この前見たごみ収集車がごみを落としている」
清田くん「本当だ。先日は、あそこにある車を、別のところから見ていたんだね」
機械の音「ゴゴゴゴゴゴゴ ――― ！」
清田くん「うわあ！ 天井から何か垂れ下がっているのが下りてきた！」
案内担当「驚かせちゃったかな。あれは、**『ごみクレーン』**というの。しばらく動きを見てみて。ほら、ごみバンカまで下がっていって……」
美保さん「あっ、ごみをつかんだ！ あっ、今度は持ち上げた！」
案内担当「そう。**つかんだごみを、ごみを燃やすための焼却炉に入れていくの**」
清田くん「うーん、これは巨大なクレーンゲーム機みたいですね」

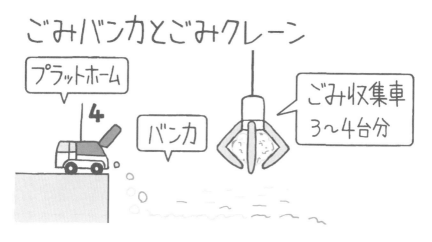

案内担当「うふふ。男子はみんなそう言うわね。クレーンの大きさは高さ2.5メートル、幅は5メートル。1回でごみ収集車3〜4台分のごみをつかむことができるのよ」

清田くん「レバーなどを使って、手で動かすことはできるんですか」

案内担当「できるけれど、いつもはコンピュータで動かしているわ。でも、ごみの量が多いときは、クレーンがもう1台あって、それを担当者が手動で動かすの」

清田くん「うわー、やってみたい」

案内担当「ごみ処理場の入り口のところに、小さくしたゲーム機があるから、帰りにやっていってね」

美保さん「ところで、ごみクレーンがさっきからごみを燃やすところにごみを入れていないんですが。ほら、ごみをつかんで持ち上げて、ちょっと動いて、またごみを落としちゃう……」

案内担当「よく気付いたわね。あれ、何をやっていると思う」

美保さん「……ごみの位置を動かしているってことかな」

案内担当「ほとんどあたり！ 実は、**ごみをかき混ぜている**の。ほら、ものには、紙みたいに燃えやすいものと、使ったあとのお茶っ葉みたいに燃えにくいものがあるでしょ。ごみバンカにあるごみも、実は意外と

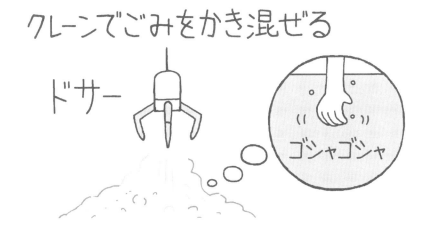

Chapter 3 ごみ処理場ではどんな人が働いているの?

燃えやすいごみと燃えにくいごみがかたよるの。それをそのままにしておくと、燃えにくいごみばかり燃やすことになったりするの。そうならないために、ごみクレーンでごみを移してごみをかき混ぜているのよ。2人も、お風呂でお湯を温めたとき、かき混ぜないと熱いところと冷たいところがかたよっちゃうから、かき混ぜるでしょ」
清田くん「ああ、見ていて飽きないな。ずっと見ていたい……」
案内担当「そうね。でも、この先も見学コースはあるから、そろそろつぎの設備のところに行きましょう」
美保さん・清田くん「はい、わかりました」

焼却炉でごみを灰にして小さくする

　美保さんと清田くんは案内担当といっしょに、焼却炉とボイラーという設備のあるところの近くにやってきた。
清田くん「なんだか、熱くなってきましたね」
案内担当「そうでしょ。あそこに見えるのは**焼却炉**という設備。さっきの**ごみバンカからクレーンで移されたごみを燃やして灰にするところ**です。ごみ処理場の心臓のような設備といえるわね。一日に600トンの

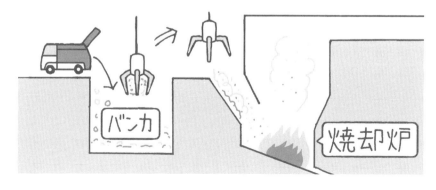

変わってきた、プラスチックごみの扱い

卵を入れておくパックや、プリンのカップなどは「プラスチック」でできている。これらをごみとして出すときは、燃やすごみか、それとも燃やさないごみか、どっちだろう？

実はこれまで「燃やさないごみ」として扱われることが多かった。けれども、燃やさないと最終処分場の埋め立てが早く満杯になってしまうことと、ごみを燃やす技術が高くなったことなどから、2008年ごろより「燃やすごみ」扱いにする市区町村が増えてきたんだ。

プラスチックは石油でできているから、本当はごみを燃やすのに効果的でもあるんだ。

ごみを焼却できるの。**日本人一人が一日に出すごみの量はおよそ１キログラム弱**と言うから、計算でいえば**60万人分のごみを処理できる**ことになります」

美保さん・清田くん「へえ！」
案内担当「焼却炉は24時間ずっと働き続けているんですよ」
美保さん「みなさん、昼も夜もずっとここで働いているんですか？」

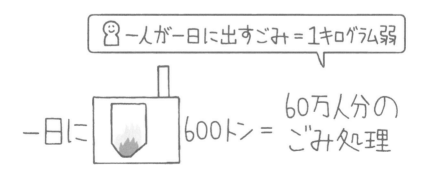

Chapter 3　ごみ処理場ではどんな人が働いているの？

案内担当「私は違うけれど、**運転係という係の人は、日によっては真夜中でも働いていて、焼却炉を見守っているのよ**」

清田くん「そうなんですね。ああ、それにしても熱い熱い。汗をかいてきちゃった」

案内担当「**燃やす温度は800℃以上**、実際には950℃ぐらいになっています。これはね、**ごみを燃やすときに出てくるダイオキシンという体や環境にとって毒になる物質を分解するのに800℃以上が必要になるから**なの。焼却炉でごみを焼却するときは800℃以上で行うと国の規制でも決まっているのよ」

美保さん・清田くん「そうなんですね」

案内担当「では、こっちの案内パネルを見てください。さっきのごみクレーンでもち上げられたごみは、焼却炉の設備の『ごみホッパ』という入り口に落とされてから、下り階段みたいになっているところを進んで灰になっていくの。階段は、まずごみを乾かして水分をなくして燃えやすいようにするための『乾燥段』、つぎにごみを燃やして灰にするための『燃焼段』、そして灰になりきらなかったものを燃やしきって灰にする『後燃焼段』になっています」

美保さん「灰になったら、その先はどうなるんですか」

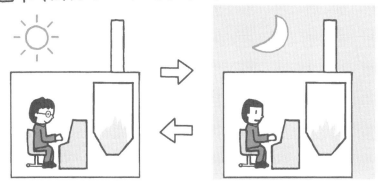

案内担当「下のほうに落ちていって『灰コンベヤ』という灰を運んで移す装置に乗って、灰を埋立処分場に運ぶ車に移されます。灰は、埋め立てられるだけでなく、一部はセメントの材料としても使われたりするのよ」

清田くん「では、燃やした熱のほうはどうなるんですか」

案内担当「熱はね、焼却炉の上のほうに置かれている『ボイラー』という設備に入っていって、そこで水を熱くして沸かすために使われるの。『ボイラー』は『沸かす』っていう意味の『ボイル』からつけられているのよ。では、なんのために水を沸かすと思いますか」

清田くん「カップラーメンを食べるため！」

美保さん「……。あの、エネルギーとして使うためではないですか」

案内担当「そうね。水をやかんで沸かすと、口からふーって水蒸気が出てくるでしょう。同じようにボイラーで水蒸気をつくって、その勢いで『タービン』という設備についている羽根を回すの。回っている羽根は運動エネルギーをもったことになるから、その運動エネルギーで、今度は『発電機』っていう設備を動かして電気エネルギーにするの。ほら、制御室で『11794kW』っていう数を示していたでしょう。あれが、電気をつくっているしるしよ。あと、熱は電気になるほかにも、熱のまま

Chapter 3　ごみ処理場ではどんな人が働いているの？

使われてもいるの。ごみ処理場の前の道の向かい側に温水プールがあったのに気付いたかしら」

清田くん「そういえばありましたね」

案内担当「ごみ処理場の熱が、パイプで道の下を通って、温水プールに届けられているの」

美保さん「ごみを燃やして、いろいろなことに使われるんですね」

案内担当「そうね。『ごみを処理するのなら、利用できるものはできるだけ利用しよう』という考え方によるものです。でもね、もっと大切なのは、『ごみをなるべく出さないようにしよう』ということなんです」

美保さん「ごみの量は少ないほどよいのですね」

清田くん（見上げて）「高い煙突が立っていますがどうしてですか」

案内担当「煙突はね、最後の最後に排ガスを空に出すためのものなの。でも、燃焼炉から煙突までのあいだでは、燃やしたガスに含まれている細かいすすや、少しだけ残ったダイオキシン、それに水銀などの、人や環境に悪い影響を与える物質を装置によって取り除いているの。煙突の中段に排ガスを取る場所があって、悪い排ガスが出ていないかどうかもチェックしているのよ。それにね、ごみ処理場では排水も出るので、それらもできるだけきれいにしてから下水道へと送り込んでいます」

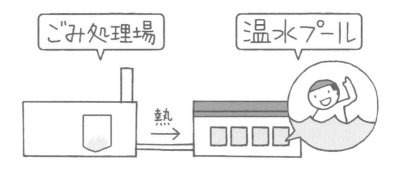

> **コラム** ごみ処理場から出るごみもルールに従って
>
> 　54ページから紹介するように、ごみ処理場ではさまざまな人が仕事をしているから、ごみが生じる。
> 　たとえば、お昼休みにはみんなご飯を食べるから、コンビニエンスストアで買ってきて食べたお弁当の空き容器やお茶を飲んだあとのお茶がらなどが、ごみとして出る。これらのごみを、どうしているんだろう。ごみ処理場の中に、ごみをためておく「ごみバンカ」があるので、小さな窓からそこにぽいと投げ入れる……ということではないんだ。
> 　やはり、その地域のルールに従って、燃えるごみと燃えないごみなどに分けるなどしてごみ袋に入れ、ごみ置き場に出しているんだ。

不燃ごみと粗大ごみにも処理の仕方が

　美保さんと清田くんはお昼ごはんを食べたあと、別の場所にある「不燃ごみ・粗大ごみ処理施設」に案内担当といっしょにやってきた。大きな屋根のある場所に、ごみが集められている。3人はヘルメット姿だ。
案内担当「ここは、油などで汚れた缶や、使わなくなったフライパン、

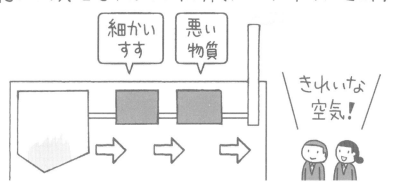

Chapter 3　ごみ処理場ではどんな人が働いているの？

また割れたガラスなどの燃やさないごみ、つまり『不燃ごみ』を処理するところです。残ったものをやはりなるべく小さくして埋め立てます。ただし、不燃ごみには、鉄やアルミニウムといった再び使うことのできる『資源』が混ざっているので、再利用のため回収します」

美保さん「不燃ごみをどうやって小さくするんですか」

案内担当「細かく砕くの。ハンマーが回転しながら速く動く『回転式破砕機』という装置で不燃ごみを15センチメートル以下に砕きます」

清田くん「では、混ざっている鉄やアルミニウムはどうやって選び出すんですか」

案内担当「いいところに気付いたわね。どうやると思いますか」

美保さん「鉄だったら、磁石を使うんじゃないかしら……」

案内担当「美保さん、あたり！　鉄は磁石にくっつくでしょ。ここでは電気の力も使う強力な磁石によって、鉄をくっつけて選び取っていくの。『磁選機』という装置を使うのよ」

清田くん「だけど、確かアルミニウムは磁石にくっつきませんよね。コーラの缶で試したことがあります」

案内担当「そうね。けれども、力の強い磁石を速いスピードで回すと、アルミニウムは弾かれていくの。これを利用して不燃ごみからアルミニ

不燃ごみは細かく砕いて埋め立てる

ウムを飛ばしていくのよ。そちらは『アルミ選別機』といいます。こうして**鉄やアルミニウムは回収して、そのほかのガラスなどはトラックで最終処分場まで運ばれて、埋め立てられます**」
美保さん「粗大ごみのほうはどう処理されていくんですか」
案内担当「粗大ごみがここに運ばれてくるときは、まだ燃やすごみと燃やさないごみには分けられていないの。まず手作業で、家具などの燃やすごみと、自転車などの燃やさないごみに分けていくのよ。そのあとは、回転式破砕機で砕いて15センチメートル以下の大きさにします。それで、燃やせるごみのほうは、焼却炉のある施設に運ばれて燃やされるなどします。燃やさないごみのほうは、鉄などの資源を回収したあと、最終処分場に運ばれて埋め立てられます」
美保さん「へえ、そうやって処理されているんですね」
清田くん「なんとなくごみを捨てていたけれど、いろいろな方法で分けられているんですね」
案内担当「そうね。ごみの処理のされ方や、そこで働く人たちの仕事のことがわかると、ごみの出し方も変わってくるんじゃないかしら」
美保さん・清田くん「そう思います。今日はありがとうございました」

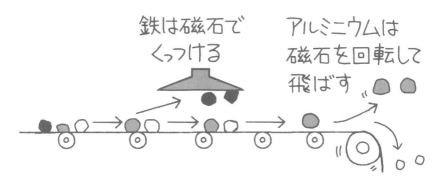

Chapter 3　ごみ処理場ではどんな人が働いているの？

働いている人に

Interview! ②

ごみ処理場の運転係

ごみ処理場の焼却炉（しょうきゃくろ）などの設備が
正しく運転されるための
管理をする。

いしはらふみひろ
石原史大さん
とうきょうにじゅうさんく
東京二十三区
せいそういちぶじむくみあい
清掃一部事務組合
ちとせせいそうこうじょううんてんがかり
千歳清掃工場 運転 係

大学卒業後、東京二十三区清掃一部事務組合の採用試験に合格して職員になる。千歳清掃工場に配属となり、1〜2年目は技術係、3〜4年目は整備係。その後、運転係になる。

編集部撮影

Interview!

ごみ処理場の運転係ってどんな仕事？

焼却炉などの設備がきちんと動くように点検をする。また、中央制御室でモニターを見ながら、焼却炉で燃焼が問題なく行われているかを見守る。ほかに、ごみ処理場の中の機器が正常に使われるように日常的なメンテナンスなどを行う。修理を担当する整備係などとも協力する。

工場にある4つの係のひとつが運転係

　私が働いている千歳清掃工場は、東京都世田谷区の住宅地にあります。東京二十三区清掃一部事務組合（清掃一組）という組合が運営しています。ごみ処理場のことを東京23区では「清掃工場」と呼んでいます。

　私は、ふるさと熊本の大学で、金属などの「材料」を学ぶ学科を卒業しました。卒業するとすぐ仕事を始めるという人は多いけれど、私の場合は卒業してから半年間は、好きなオートバイの運転などをして過ごしました。人生の休憩のようなものですね。その後、就職活動をして清掃一組に採用されて、この千歳清掃工場での仕事が始まりました。九州のほうでも公務員の採用試験に合格していましたが、東京でいろいろなところを見られるのもいいなと思って、清掃一組で仕事をすることにしました。

　ここ千歳をはじめ、東京23区内に合わせて21カ所ある清掃工場には、運転係、整備係（→60ページ）、技術係（66ページ）、管理係（→72ページ）という4つの係があります。ほかの係のことはほかの職員の人たちに紹介してもらうことにして、私は運転係の仕事の紹介をしたいと思います。

焼却炉を24時間動かすのに必要な深夜の仕事

　運転係は、焼却炉などの設備がきちんと動くようにモニターで見守

っています。設備はほぼ自動で動いていますが、異常がわかったときは私たちが現場に駆けつけたりして、機器の調整をすることもあります。それと、焼却炉などの設備に問題がないかを、目で見て確かめることもしています。

そうそう。仕事の仕方としてほかの係の人と違うのは、夜から朝にかけて仕事をする日があるということです（「運転係のある1日」も見てください）。千歳清掃工場では24時間ずっと焼却炉が動いているため、誰かが夜から朝にかけても見守っていなければなりません。運転係がその役割をしているんです。夕方、千歳清掃工場にやってきて、16時から仕事が始まり、途中に夕ごはん休みや休憩の時間などもとりながら、翌朝の9時30分まで働きます。ほかにも、朝8時30分から夕方17時15分までの仕事の日もあります。休みは、土曜と日曜に2日続けてとるといったものではないので、運転係になってからは、なかなか体が慣れないことは正直言ってありますね。ただし、平日にしなければならない役所での手続きなどはしやすいし、趣味のオートバイで遠くに出かけるときも、平日だと行楽の渋滞にあうことはありません。

もし、焼却炉などに異常があるとわかったときは、昼間は整備係の

中央制御室でつぎのシフトの係へ引き継ぎ

人たちに伝えて、問題の部分をいっしょに探してから、直してもらいます。先日は、汚れた水を処理する設備で水槽の水をかき混ぜる機械が止まってしまっていたのを見つけました。運転係で状況を調べてから、整備係に伝えました。原因まで見つかるときもあれば、見つからないときもあります。

夜や休日などになると、整備係の人も家に帰っていて清掃工場にはいないので、異常のある設備をすぐに直すことはできません。動かし続けていると、有害な物質を出すことになってしまうという場合は、「立ち下げ」といって、動いている焼却炉を止めなければなりません（→98

ごみ処理場の運転係のある1日

16時15分	昼間のシフトの運転係などから情報の引き継ぎをする。
16時30分	ごみクレーンの点検をする。
17時30分	お風呂に入って体についたほこりなどを取る。
18時	夕食。
18時45分	中央制御室で監視をする。
22時45分	休憩をとる。
23時30分	中央制御室で監視をする。
6時30分	引き継ぎの準備。
8時15分	引き継ぎ。
8時30分	書類づくり。
9時30分	業務終了。

※運転係の仕事は、①8時30分から17時15分、②つぎの日の夕方16時から翌朝の9時30分、③つぎの日はお休み、という①〜③のくり返し。

バンカに運び込まれるごみ。それを中央制御室で監視します

取材先提供

ページ）。その判断は、工場長（→78ページ）がするので、たとえ夜中でも大きな異常が起きたら電話で伝えることになります。

日々の仕事では「引き継ぎ」も大切です。私が仕事をしているとき、たとえば「焼却炉でのごみの燃え方がいつもより少し弱くなっていた」など、何か変わったことがあればそれを日誌に書いておき、つぎの仕事の時間帯に働く運転係の人などに、その文書を渡しながら、報告するのです。

熊本地震で清掃工場の大切さを実感

ふるさとの熊本では、2016年4月に熊本地震が起きました。ちょうど千歳清掃工場で夜から朝にかけて仕事をしていて、休憩をとっていた時間だったので、地震のニュースを知ってびっくりしました。家族ともなかなか連絡をとれず、しばらくは寝不足にもなりました。

5月に熊本に帰ると、熊本の清掃工場の設備が地震の揺れで壊れてしまっていたようで、町の中にかなりのごみが積まれているのを見ました。ごみがそのまま置かれているのは、見た目もそうですが、衛生的によく

設備の点検に回ります

Interview!

ないものだとあらためて思いました。「清掃工場が動かないと、暮らしが大変なことになる。熊本と東京で場所は違うけれど、自分もちゃんとやらなければ」と感じましたね。

仕組みが手にとるようにわかるのは楽しい

　運転係の仕事で楽しいところは、焼却炉の仕組みがよくわかるところですね。たとえば、中央制御室にいる私が、空気を取り入れるためのボタンを押すと、焼却炉内のごみの燃えるようすが変わっていくのがその場のモニターで見えます。

　仕組みは知っていたつもりですが、実際に自分の操作で焼却炉のようすが変わることを感じられて、楽しいですよ。

　この本を読んでくれているみなさんは、まだ文系と理系のどちらの進路をとるか決めていないかもしれません。「理系が好きなんだけれど、公務員のような仕事に就きたい」という人もいるでしょうね。そうした人も、理系に進学してその後、公務員のような仕事に就くこともできるということは知っておいてほしいと思います。

ごみ処理場の運転係になるには

どんな学校に行けばいいの？
　求められる学歴は、そのごみ処理場を運営している市や組合によって異なるが、高校卒業、または短期大学、大学、大学院などを卒業、または卒業見込みとなってから採用試験に合格して市や組合の職員になる。
　焼却炉などの機械を扱うため、工学系、特に機械を学ぶ学校に行くことが有利になる。試験では「機械・電気に関する知識を問う作文」などが出される。

どんなところで働くの？
　ごみ処理場の施設内で働く。ただし、定年を迎えるまでずっと運転係でいるということはほとんどなく、ほかの係などに移ることになる。

Chapter 3　ごみ処理場ではどんな人が働いているの?

働いている人に Interview! ③
ごみ処理場の整備係

ごみ処理場の設備機器が
問題なく動くように
管理や補修をする。

編集部撮影

菅原孝洋さん（すがわらたかひろ）

東京二十三区
清掃一部事務組合
千歳清掃工場整備係（せいびがかり）

大学院では機械工学を学び、環境(かんきょう)にかかわることに関心をもっていたことから、東京二十三区清掃一部事務組合の採用試験を受け、職員になる。江東区(とうくせいそう)の清掃工場で運転係と整備係を務めたあと、千歳清掃工場に異動して整備係を務める。

Interview!

▶ ごみ処理場の整備係ってどんな仕事？ ◀

　主に焼却炉などの設備を問題なく長く使っていくための維持や管理、また異常や故障が起きたときの補修の作業をする。ごみ処理場の中を回って、設備に異常がないかを点検するほか、簡単な補修ですむときは、工具を使って自分たちで補修をする。

「地球の環境問題の解決に貢献したい」

　私は大学を卒業して大学院に進学しました。機械工学という、機械の仕組みや使い方を研究する分野を学びました。大学院には修士課程という2年間の勉強をしたあと、さらに3年ほど勉強する博士課程に進む人もいますが、私は修士課程を修了したら就職しようと考えていました。
　地球の環境問題について関心をもっていて、そういった分野で役に立てる仕事に就ければと考えていました。
　東京二十三区清掃一部事務組合（清掃一組）は、ごみを減らして資源として使っていくような社会に向けて、大きな役割を果たしていると考え、採用試験に応募して、合格することができました。ごみを焼やしたときの熱エネルギーを利用したり、環境への負荷を可能な限り減らそうとしたり、それに区民の暮らしに密着していることも、とても魅力的に感じました。
　清掃一組に入ってからはじめの6年間は、江東区にある新江東清掃工場で働きました。昔、「夢の島」という、ごみの埋め立て地だったところに建てられた、日本でもっとも大きな清掃工場です。そこで、はじめの3年は運転係を経験して、そのつぎの3年は整備係を務めました。そして、新江東清掃工場から千歳清掃工場に異動し、整備係で仕事をしています。

設備を使い続けるために維持・補修をする

　整備係の仕事について紹介します。清掃工場には、焼却炉やボイラー、発電機など、さまざまな設備があります。こうした設備が問題なく使われ続けるために管理をしたり、またこれらの設備に異常が見つかったときには補修、つまり壊れたところを直したりするのが整備係の役割です。また、補修のための工事を、設備をつくったメーカーなどの会社や、補修を専門とする会社などに依頼することがあります。そうした工事の進み具合や出来栄えを確かめるなどの「監督」と呼ばれる仕事も整備係がします。しかし、機械のことにくわしい整備係員は多いので、設備がちょっとおかしいということになったら、自分たちで原因を探って直してしまうこともよくあります。

　仕事の流れを説明します。運転係（→54ページ）が設備の異常を見つけたら、私たち整備係に伝えてくれます。そのあと、実際に設備を自分の目で見て、異常の原因をなるべく突き止めるようにします。そして、自分たちで直すか、ほかの会社に補修を頼むかを判断します。

　これまで経験した故障の例では、ごみを燃やして生じた灰を運ぶ「灰

コンベヤの中を開けて調べます

コンベヤ」という設備のチェーンが切れて、灰が送れなくなってしまったことがありました。小さなことでは、水を通す配管から水が漏れているとか、ボイラーの蒸気の圧力を計るための圧力計が壊れていたこともありました。小さなことであれば一日1個ぐらいは何か起きています。

定期点検で小さな異常を見つけて直しておく

焼却炉を停止（立ち下げ）しなければならないほどの故障は、できるだけ生じないようにしなければなりません。一度、焼却炉を立ち下げて、再び立ち上げるのには、時間もお金もかかるからです。それに、

ごみ処理場の整備係のある1日

8時30分	業務開始。清掃工場の職員みんなでラジオ体操。
8時40分	前日から朝まで勤務した運転係と引き継ぎ。
9時	係内でのミーティング。
9時30分	故障が報告されている設備について、現場まで行って調査をする。
12時	お昼休み。
13時	故障した設備の工事を会社に依頼するための図面や設計書をつくる。
16時30分	運転係との引き継ぎ。
16時40分	書類づくり。
17時15分	業務終了。

機械が壊れると清掃工場は機能しないので、不具合を見つけて修理します

Chapter 3　ごみ処理場ではどんな人が働いているの？

補修工事のためにごみを受け入れられないときは、近隣の清掃工場などにごみを受け入れてもらうことになり、関係部署やほかの施設への影響が出てきます。

したがって、清掃工場では、一年に2回、計画的に焼却炉を立ち下げてから、すべての設備を停止して、異常がないかどうかを確かめることをします。そこで異常が見つかれば、部品を交換します。異常が小さいうちに問題を見つけて補修することができていれば、焼却炉が動いているときに異常がどんどん大きくなるような危険を避けることができます。この定期的な点検と補修は、だいたい2カ月くらいかけて行います。整備係のもっとも忙しくなる時期です。清掃工場は設備と設備がつながっているので、どこかひとつの設備や機器が故障すればごみ処理がうまくできなくなります。定期点検中にできるだけ異常を見つけて、直しておくことが大切になります。

清掃工場の中では、運転係や技術係（→66ページ）の職員たちとの連携は多くなります。また、工事を依頼した会社の担当者とも連絡は多くとります。こうした関係者との調整も整備係の仕事のひとつです。

実は、清掃工場では「場所とり」の調整というのがあるんです。たと

一年に2回、計画的に焼却炉の中を点検します

えば、整備係が設備の故障を直すため、狭い通路にはしごのように足場を立てて補修をしようとしますよね。すると、そこの通路を使って荷物を運んでいた技術係の人が荷物を運べなくなってしまいます。なので、「今週の木曜には整備係がこの場所を補修のために使うので、技術係の作業は金曜にしてくださいますか」「はい、わかりました」というような話し合いをするのです。作業は安全第一でないといけません。

40年使い続けられる処理場をめざす

　清掃工場は30年で建て替えが必要だといわれています。しかし、一つひとつの設備や装置を大きな故障なく使っていけば、清掃工場の寿命をさらに伸ばすこともできます。清掃工場を建設するには、莫大な予算と工期が必要になります。施設の延命もひとつの選択肢となります。

　燃やすごみの中に針金などの燃やすのに不適切なものが入っていたりして、設備が詰まって故障してしまうといったこともあります。ぜひ、ごみを出すときには種類ごとに分別してごみを出すご協力を、みなさんにもお願いしたいと思います。

ごみ処理場の整備係になるには

どんな学校に行けばいいの？
　整備係は、設備の故障の原因を探ったり、設備を直したりするため、機械や工学についての専門的な知識が必要になる。機械などを学ぶ工学系の大学を卒業することが整備係になるには有利となる。

どんなところで働くの？
　ごみ処理場内の事務所にいることもあるが、設備を点検したり、故障に対応したりするため、ごみ処理場内の設備のある現場にいることも多い。何年か整備係を経験したあとは、ほかの係に移ることもある。

Chapter 3　ごみ処理場ではどんな人が働いているの？

働いている人に Interview! ④
ごみ処理場の技術係

ごみの受け入れなどの計画をつくり
環境(かんきょう)を守るための値の測定を管理。
見学者の受け入れ・案内もする。

編集部撮影

澤田(さわだ) 葵(あおい)さん

東京二十三区
清掃一部事務組合
千歳清掃工場技術(ぎじゅつ)係(がかり)

東京23区特別区職員採用試験に「化学職」として採用され、大学卒業後に就職。同時に、東京二十三区清掃一部事務組合の職員となる。千歳清掃工場に配属となり、技術係になる。

Interview!

> ### ごみ処理場の技術係ってどんな仕事？
>
> 　機械などの「ハード」を扱う仕事に対して、技術係はごみ処理の仕組みやルールなどにかかわる「ソフト」の仕事を広く行う。ごみの受け入れや焼却の計画づくり、排ガスや排水が環境の基準値未満に保たれているかを調べるための測定、また見学者の受け入れも担当する。

清掃工場の「ソフト面」の仕事をする

　仕事をするときは、自分の働くところの地元のみなさんと密接につながることのできるような職業に就きたいと思っていたんです。ごみ処理はみなさんの生活と切っても切れない仕事なので、そうした下支えができるところで働きたいなと考えていました。

　私は大学では化学を学んでいたこともあり、東京23区が行っている「特別区職員採用試験」の「化学」という区分に応募しました。「特別区」というのは東京23区のことで、「化学」の区分での試験は、化学についての知識や技術を活かすことのできる仕事につながっています。試験では、ほかの区分で受ける人たちと共通に出される問題に加えて、化学の知識が問われる問題も出ました。そして、試験に合格し、東京二十三区清掃一部事務組合（清掃一組）の職員として採用され、千歳清掃工場で働くことになりました。

　技術係がどんな仕事をしているかも紹介しますね。運転係（→54ページ）や整備係（→60ページ）は、設備や機器を扱うようなハード面の仕事ですが、私が就いている技術係はソフト面の仕事を広く担当しています。

　たとえば、清掃工場のあいだでのごみの受け入れの調整は、ソフト面の仕事のひとつです。ここ世田谷区のおとなりにある杉並区の杉並清掃工場が建て替えをしているところなので（→110ページ）、杉並清掃工場が受け入れていたぶんのごみを、千歳清掃工場をはじめ、まわりの清

掃工場で分担して引き受けています。その受け入れる量を、まわりの清掃工場とのあいだで調整しているのです。

見学の受け入れで地元の人とふれあう

　ほかにも技術係の仕事はいろいろあります。特に「化学」の区分で私は採用されたので、排ガスや排水などの分析の管理は、私のメーンの仕事のひとつとなっています。

　清掃工場は「排ガスや排水の中の毒性のある物質は、この量を超えてはいけない」といった法律のルールを守らなければなりません。そのためには、排ガスや排水の中にどれだけの量の毒性のある物質が含まれているのかチェックする必要があります。こうした量をチェックするには、排ガスであれば煙突のあたり、排水であれば汚水処理設備というところで、排ガスや排水を採って測ります。でも、自分たちだけで採って測ると、分析できないものがあったり、あと、分析結果についてズルしているんじゃないかと思われてしまいますよね。だから、分析をする会社にくわしく測ってもらいます。私たち技術係はその立ち会いをします。

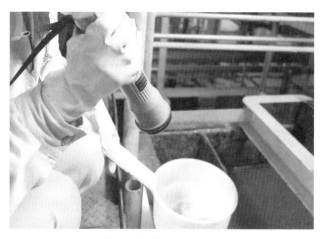

排水の沈殿物を確認します

Interview!

ほかに、焼却炉から出る飛灰という、空気の中を漂うくらい軽い灰を採って、ダイオキシンの量が決められた値を超えていないかなども測ります。

法律で決められた値を守らなければならないのはあたりまえのことですが、さらに、私たちは、法律で決められているよりも厳しい値を決めて、量を超えないように務めています。より厳しい値を決めてそれを守るほうが、地元のみなさんにより安心して暮らしてもらえるからです。もし、この値を超えそうになったら、焼却炉を停止（立ち下げ）しなければなりません。

もうひとつ、技術係の仕事のなか

ごみ処理場の技術係のある1日

8時30分	業務開始。ラジオ体操。
8時40分	中央制御室で係のあいだでの引き継ぎ。
9時	事務室で係内での打ち合わせ、一日の流れを確認。
9時30分	工場から出た灰を検査する会社の作業に立ち会う。
12時	お昼休み。
13時	見学者を受け入れるための準備。
13時30分	見学者を受け入れて、清掃工場を案内する。
15時	清掃工場内で使う薬品を注文する書類をつくる。
17時15分	業務終了。

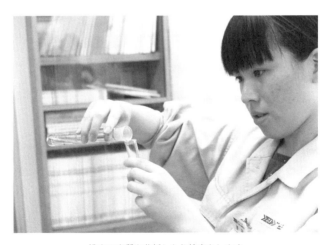

排水の水質を分析したり検査もします

で大きい比重を占めるのが見学者の方の受け入れですね。みなさんも住んでいる地域の清掃工場を見学したことがあるかもしれませんが、そのときの施設の説明をするのが、技術係の仕事のひとつです。

特に私は、技術係のなかで主に見学の担当ですので、世田谷区のみなさんなどに千歳清掃工場を案内して、直接ふれあうことができます。見学者は、幼稚園の子どもたちから、環境問題に関心のある大人の方たちまで、さまざまなので、誰にでもわかるように話をすることを心がけています。

「厳しい値を守るようにしています」などとお話しすると、「こうやって安全に清掃工場を動かしているのね」と言っていただき、信頼してくださっているのを肌で感じます。仕事をするならば「地元のみなさんと密接につながれるようにしたい」と思っていただけに、この仕事に就けてよかったなと感じる瞬間です。

専門的な勉強をすれば女性にも働くチャンスがある

清掃工場やごみ処理の仕事というと「男性の仕事」というイメージを

見学者の方に清掃工場について説明することも

もつ人もいるかもしれませんね。でも、清掃一組の清掃工場には、私のほかにもたとえば「電気」や「機械」という区分で23区に採用されて、働いている女性もいます。

焼却炉の中など、ダイオキシンにさらされる恐れがある場所への立ち入りはできない、というような制約はありますが、それ以外の仕事をしているときは、基本的に男性も女性も関係なく扱われます。もちろん、事務室で休み時間におしゃべりをするときは、まわりの男性の職員のみなさんが優しく話してくれますよ。

大学で理系の勉強をしていることで、女性でも清掃工場やごみ処理にかかわる仕事に就ける道はひらけます。

まだ職員になってから日が浅いので、千歳清掃工場についてもっと知るべきことを学んでいきたいと思います。私は、「化学」の区分で技術係をしているので、整備係や運転係に移ることはほとんどありません。なので、それぞれの係のみなさんから話を聞いてくわしくなっていきたい。清掃工場という現場で成長していけたらいいなと思っています。

ごみ処理場の技術係になるには

どんな学校に行けばいいの？

化学区分の技術係としてごみ処理場に就くと、薬品を使って排水などの分析をするといった仕事があるため、化学の基本的な知識や考え方を身につけられる学部を選んでおくことが大切になる。自分のなりたい職業や係に求められている条件を調べておくことも大切。

どんなところで働くの？

ごみ処理場で働くことになる。ほかの係へ移ることが多いかどうかは、採用試験のときの区分などによって変わる。「化学」などの専門的な仕事をする区分で採用された場合には、ほかの係に移らずに長く技術係として仕事をする可能性が高い。

Chapter 3　ごみ処理場ではどんな人が働いているの？

働いている人に Interview! ⑤
ごみ処理場の管理係

ごみ処理場のすべての人が
働きやすいように事務を担い、
下支えする。

編集部撮影

渡辺俊哉さん

東京二十三区
清掃一部事務組合
千歳清掃工場管理 係

高校卒業後に防衛庁（当時）を経て、東京23区特別区職員採用試験を受けて杉並区役所の職員に。区の職員として、東京二十三区清掃一部事務組合に派遣され、3年にわたり事業調整課で務めたあと、千歳清掃工場に移り管理係に配属。

Interview!

ごみ処理場の管理係ってどんな仕事？

管理係はごみ処理場を支える「縁の下の力もち」。職員に給料を払うための管理をしたり、必要な部品や薬品、文房具などを買ったりする。また、補修工事などをしてもらう会社を選ぶための「入札」という作業も担当する。さまざまな仕事を広く行う係だ。

「広く社会のために役立ちたい」

　会社に入って利益を求めるよりも、広く社会のために役立ちたい。そんな思いから公務員のような仕事に就くことを考えていました。私の父も公務員で、父の姿を見て育ったことも関係していると思います。

　高校を卒業して、法律を勉強する専門学校に入りました。公務員の試験を受けようとする人が通う専門学校で、私もそこで公務員試験に受かるための勉強をしました。

　今、私は千歳清掃工場で働いていますが、実は東京23区の杉並区の職員です。区役所で窓口の仕事や福祉の仕事をしていましたが、あるとき東京二十三区清掃一部事務組合（清掃一組）に派遣されることになりました。

　清掃一組では、まず千代田区飯田橋にある「本庁」と呼ばれている本部のような役割の中にある事業調整課という部署で仕事をしました。清掃一組は、杉並区や世田谷区を含む23の区とのかかわりを深くもっているので、それぞれの区の職員たちに「会議を開きたいので都合のよい日を聞かせてください」「会議は何月何日になりましたのでよろしくお願いします」といったように、電話をかけての日程調整や資料の準備をする仕事が中心でした。

　そして、そこで３年間、働いたあと、ここ千歳清掃工場に移ってきて、管理係をしています。

Chapter 3　ごみ処理場ではどんな人が働いているの?

管理係は清掃工場の「裏方」

　管理係は清掃工場の「裏方」です。たとえば、運転係（→54ページ）、整備係（→60ページ）、技術係（→66ページ）のみなさんに自身の仕事に集中してもらえるように、メールの振り分け、会計的な事務、消耗品の管理といった庶務的な仕事などを管理係がすべて引き受けています。たとえば、技術係が「排ガスの検査に使う薬品が足りなくなった」ということで、薬品を手に入れようとするとします。でも、技術係の人が契約からお金の支払いといった事務仕事までやっていたら、技術係としてやるべき大切な仕事ができなくなってしまい、時間がもったいないです。そこで技術係は「この薬品が足りなくなったので注文しておいてください」と、何がどのくらい必要かを私たち管理係に伝え、その後の薬品を買う作業は、私たち管理係で行います。

　それに、千歳清掃工場の職員それぞれの、仕事をした日と休みをとった日、また残業をした時間などの仕事の状況を管理するのも管理係の仕事です。ほかにも、朝、職員たちに「お昼にお弁当が必要な人は注文しますので言ってください」と聞いたりもします。ほんとうに、いろいろ

入札業者からの問い合わせに対応

料金受取人払郵便

本郷局承認

8555

差出有効期間
平成29年3月
31日まで

郵便はがき

113-8790

408

（受取人）
東京都文京区本郷1・28・36

株式会社　ぺりかん社

一般書編集部行

購入申込書		※当社刊行物のご注文にご利用ください。	
書名		定価[　　円+税] 部数[　　部]	
書名		定価[　　円+税] 部数[　　部]	
書名		定価[　　円+税] 部数[　　部]	
●購入方法を お選び下さい （□にチェック）	□直接購入（代金引き換えとなります。送料 ＋代引手数料で600円+税が別途かかります） □書店経由（本状を書店にお渡し下さるか、 下欄に書店ご指定の上、ご投函下さい）	番線印（書店使用欄）	
書店名			
書店 所在地			

書店様へ：本状でお申込みがございましたら、番線印を押印の上ご投函下さい。

※ご購読ありがとうございました。今後の企画・編集の参考にさせていただきますので、ご意見・ご感想をお聞かせください。

アンケートはwebページでも受け付けています。

URL http://www.perikansha.co.jp/qa.html

書名	No.

● **この本を何でお知りになりましたか?**
 □書店で見て　□図書館で見て　□先生に勧められて
 □DMで　□インターネットで
 □その他 [　　　　　　　　　　　　　　　　　　　　　　　　　]

● **この本へのご感想をお聞かせください**
 ・内容のわかりやすさは?　□難しい　□ちょうどよい　□やさしい
 ・文章・漢字の量は?　□多い　□普通　□少ない
 ・文字の大きさは?　□大きい　□ちょうどよい　□小さい
 ・カバーデザインやページレイアウトは?　□好き　□普通　□嫌い
 ・この本でよかった項目 [　　　　　　　　　　　　　　　　　　　]
 ・この本で悪かった項目 [　　　　　　　　　　　　　　　　　　　]

● **興味のある分野を教えてください**（あてはまる項目に○。複数回答可）。
 また、シリーズに入れてほしい職業は?
 医療　福祉　教育　子ども　動植物　機械・電気・化学　乗り物　宇宙　建築　環境
 食　旅行　Web・ゲーム・アニメ　美容　スポーツ　ファッション・アート　マスコミ
 音楽　ビジネス・経営　語学　公務員　政治・法律　その他
 シリーズに入れてほしい職業 [　　　　　　　　　　　　　　　　　]

● **進路を考えるときに知りたいことはどんなことですか?**
 [　　　　　　　　　　　　　　　　　　　　　　　　　　　　　]

● **今後、どのようなテーマ・内容の本が読みたいですか?**
 [　　　　　　　　　　　　　　　　　　　　　　　　　　　　　]

お名前	ふりがな	ご学校・名
	[　　　歳] [男・女]	
ご住所	〒[　　－　　　]　　TEL.[　　－　　－　　]	
お買上書店名	市・区　　町・村	書店

ご協力ありがとうございました。詳しくお書きいただいた方には抽選で粗品を進呈いたします。

Interview!

でしょう。でも、私たち管理係がいろいろな仕事をすることで、千歳清掃工場がごみ処理を問題なく続けられることにつながるのだと思うと、あたりまえのことを確実にやることの大切さを感じますね。

入札を開いて頼む企業を決める

管理係の仕事のひとつに「入札」という仕事があります。入札というのは、自分たちにとって、もっとも有利な条件を示す会社に作業をしてもらうために、1社だけでなく、複数の会社に「いくらで引き受けます」と書いた紙を出してもらい、契約する相手を決めることをいいます。

ごみ処理場の管理係のある1日

8時30分	業務開始。ラジオ体操。
8時40分	薬品を購入するための契約書類をつくる。
10時	部品を購入するためのお金を払う処理をする。
11時	午後の入札のときに配る資料をつくる。
12時	お昼休み。
13時	入札のための準備をする。
13時30分	入札を行う。
14時	入札終了。入札にかかわる書類をつくる。
16時	翌日の仕事の準備をする。
17時15分	業務終了。

上司に予算についての確認

Chapter 3　ごみ処理場ではどんな人が働いているの？

　たとえば、私たちのごみ処理場が焼却炉の補修をしなければならなくなったとします。自分たちでは直せないので、企業に頼みます。そのとき「200万円で補修します」という企業と、「100万円で補修します」という企業と、「50万円でします」という企業がいたら、「50万円でします」という企業に頼みますよね。いちばん安く補修をお願いできるのですから。

　そこで、入札という仕組みでは、まず「焼却炉の補修が必要となりましたので、何月何日に千歳清掃工場で入札を行います」と、インターネットなどでお知らせをします。

　そして入札の当日、応じてくれた企業に来てもらい、「いくらで補修します」というお金の額を書いてもらい、外から中が見えない箱にその紙を入れてもらいます。そして、箱を開けて、「入札額50万円のC社が落札しました」と、その場で結果を発表します。

　こうして、自分たちにとってもっとも有利な条件を言ってくれる企業と補修についての契約を結んでいるのです。

　どの企業に焼却炉の補修をしてもらうかが決まったら、整備係や技術係などの職員に「この企業に決まりました」と伝えて、工事の進め方

工場全景。この工場で働くすべての職員を管理係が支えます

Interview!

などのくわしい話についてはバトンタッチします。

　たまに、清掃工場の設備が急に壊れたりして、急いで入札をしなければならないこともあります。そういうときは入札をすみやかに行うことを最優先に準備を進めます。

ひとつの仕事が終わったとき「よかったな」

　この管理係という仕事で「うれしいな」と思うのは、ひとつの仕事を無事に終わらせることができたときです。特に問題も起きず、契約が終わった。入札が終わった。仕事が終わればそのたびに「よかったな」と思います。

　ごみ処理については、「仕事としてたずさわることができればいいな」と思っていたので、今、実際に清掃工場で働けることはうれしいですね。運転係、整備係、技術係の職員と話すことが多いので、ごみ処理についての専門用語や知識をどんどん学んでいって、自分のこの仕事をもっとおもしろいものにしていければと思っています。

ごみ処理場の管理係になるには

どんな学校に行けばいいの？
　管理係の仕事は「事務」や「庶務」などと呼ばれ、紹介してきた運転係、整備係、技術係などにくらべると仕事の範囲はとても広い。そのためどんな学校でどんなことを学んできたかよりも、採用試験に合格することと、職員として事務職に長けていることを職場の人たちに知ってもらうことが大切になる。学歴は、採用する市や組合により異なる。

どんなところで働くの？
　ごみ処理場の事務室での作業が中心となる。ただし、ごみ処理場内のさまざまな場所で職員が働いているので、直接、話すときなどに、それぞれの現場に行くこともある。

Chapter 3　ごみ処理場ではどんな人が働いているの？

働いている人に Interview! ⑥
ごみ処理場の工場長

仕事が安全に
行われるように管理。
ごみ処理場運営の責任をとる。

編集部撮影

かわにし あきら
河西 朗さん

東京二十三区
清掃一部事務組合
千歳清掃工場工場長

大学で応用物理学を学んだあと、東京の区役所で電気職として働く。その後、清掃事業の仕事をすることになり、足立清掃工場の副工場長、多摩川清掃工場の工場長、中防処理施設管理事務所の所長を務めたあと、千歳清掃工場の工場長になる。技術士（衛生工学・総合技術監理）。

Interview!

ごみ処理場の工場長ってどんな仕事？

ごみ処理場の責任者として、ごみ処理場が安定的かつ安全に動き続けるように管理をする。また、職員が安全に仕事ができるように見守る。ほかの工場長とも連携し、ごみ処理場どうしの情報を分かちあう。近隣に住む人たちとのふれあいも積極的に行う。

突然の清掃工場の仕事、勉強で知識を身につける

　私は東京の大田区に就職し、「電気」の専門的な職として、建物を建てる仕事をしていました。ところが49歳のとき、清掃工場で仕事をするように言われました。その５年前の2000年、東京23区のごみ処理の仕事が東京都から東京23区へと移ったんです。区には電気にくわしい職員が少なかったので、私もごみ処理の仕事をするように言われ、足立区の足立清掃工場の副工場長になりました。副工場長は、大きな清掃工場にある役職で、工場長とともに清掃工場を管理するのが役目です。

　ところが、私にはごみ処理についての知識がありませんでした。ゼロから勉強しなければならず、副工場長ではあったけれど、まわりの職員たちからいろいろとごみ処理の仕事について教えてもらいました。私は新しいことを学ぶのが好きなので、技術系職員として勤めはじめたころからあこがれていた技術士などの資格をとることができました。

管理・調整することと、責任をとることが工場長の仕事

　今は、千歳清掃工場の工場長です。千歳清掃工場が安定的かつ安全に動き続けるように管理する仕事をしています。工場長というと、働く人たちに「これをやりなさい」と言っているようなイメージがあるかもしれません。でも、清掃工場の組織は４つの係に分かれていて、運転係（→54ページ）、整備係（→60ページ）、技術係（→66ページ）、管理係

Chapter 3　ごみ処理場ではどんな人が働いているの？

（→72ページ）には、それぞれの係を率いる「係長」という役職の人がいます。日常の仕事の管理は係長にお願いしています。

　でも、何か困ったことが起きたときに判断するのは工場長の役割です。たとえば、煙突から環境によくない物質が出てしまいそうなときは、たとえ私が家で寝ているときでも職員から「どのように対応しますか」と電話がかかってきます。焼却炉の運転を中止するかどうかといった判断を自分が決めなければなりません。参考とする情報が少ないときは、「より環境に与える影響が少ないほうを選ぶ」という考え方をします。

　最終判断をするのは工場長なので、工場長は、清掃工場で起きることの責任をとる立場でもあります。

　千歳清掃工場では、およそ80人が働いていますが、工場長として、職員たちに気持ちよく仕事をしてもらうための管理や調整をしています。

　職員たちには、事故にあうことなく仕事をしてもらいたい。事故が起きないように職場の中の危険な場所をなくすことをまずいちばんに考えています。さらに、事故が起きたときに大けがにならないよう、たとえばヘルメットなどの保護具を身につけてもらうなどして、万一の事態に備えるようにしています。地震、火事、薬品がこぼれたときなどに備え

ごみバンカを上から見学

取材先提供

Interview!

て、緊急事態対応訓練なども行っています。

本当の原因を突き止める

設備の異常が起きたときは、整備係職員などといっしょに対応にあたります。そのときは目に見える派手な現象にとらわれずに「本当の原因はなにか」を探ることが大切です。

清掃工場では、ごみを燃やしたときに出る熱を使って蒸気をつくり、その蒸気を発電機に送って発電をしています。たとえば、「千歳清掃工場の発電量が急に下がった」という緊急事態を考えてみましょう。発電量の低下、イコール、発電機の故障

ごみ処理場の工場長のある1日

8時30分	業務開始。ラジオ体操。
8時40分	引き継ぎに参加する。
8時50分	千歳清掃工場についての書類に目を通し、はんこを押す。
12時	お昼休み。
13時	設備を見回り、職員に声をかける。
16時30分	翌日の工場長会議の準備。
17時30分	業務終了。

※このほか、日曜日などの休日に「区民まつり」などのイベントがあるときは、会場に清掃工場のコーナーを設けて、ほかの職員たちといっしょに、区民の人たちと直接ふれあうこともある。

清掃工場を訪れた見学者。巨大なクレーンでごみを運ぶ光景は圧巻

ではかならずしもありません。発電量が低下するには、いろいろな原因が考えられます。ごみを燃やす量が減り蒸気が少なくなったとか、発電に必要な蒸気がどこかで漏れてしまっているとか、タービンや発電機が壊れてしまったとか、それとも発電量を測る計測装置が壊れてしまっているとか、いろいろな原因を考えて、現場の状況と照らし合わせて本当の原因を探していくのです。本当の原因がわかってそこを直すことができれば問題は解決です。真実はひとつ。それを突き止めて問題を解決する。まるで「名探偵コナン」みたいでしょ。

　千歳清掃工場のまわりには人がたくさん住んでいます。地元の人たちに好かれるようになることも、清掃工場の大切な仕事です。地元の人たちとふれあうために、私たちは年に一度「せたがやふるさと区民まつり」に参加しています。また、工場のとなりにある世田谷区立千歳温水プールを使っている人たちに、工場見学をしてもらうような見学会もしています。

　私たちの組織にはいくつもの工場がありますが、それぞれの工場は、いろいろなやり方で地元の人と接する取り組みをしています。前に工場長を務めた東京都大田区にある多摩川工場では、工場のまわりに木をた

幼稚園・保育園の子どもたちを招いてどんぐりひろい

Interview!

くさん植えていました。秋にはどんぐりがたくさん実り、木の下に落ちます。そこで、近くの幼稚園・保育園の子どもたちを招いて、いっしょに「どんぐりひろい」を楽しんだりもしました。

清掃工場を安定的に動かし続けたい

　私たちは住民のみなさんが出すごみを処理しています。清掃工場を問題なく動かし続けることが、なにより大切です。清掃工場が安定的に動かないと、ごみの収集ができなくなり、町にごみがあふれてしまいます。朝、ごみ置き場に出したごみが、収集されず夜まであったら、誰だっていやですよね。安定的にごみを処理することが、私たちが住民のみなさんのためにいちばん役立てる仕事だと考えています。

　この本を読んでいるあなたも、ごみ処理の仕事に興味をもってくれたらと思います。中学校では基礎的な内容を学ぶので、勉強していることが将来の仕事にそのまま役立つということは少ないでしょう。けれども、基礎的な勉強を重ね、幅広い知識を身につけていくことで、すべての仕事に共通するような基本を身につけることができると思います。

ごみ処理場の工場長になるには

どんな学校に行けばいいの？
　ごみ処理場の工場長は、何十人という職員のリーダーとなるような人なので、人を管理する能力はもちろんのこと、ごみ処理場の設備についての知識をもっている必要がある。機械や工学などを学ぶ理系の大学、または大学院を出ていることが有利になる。

どんなところで働くの？
　主にごみ処理場の事務所にいるが、ごみ処理場の施設内もよく見回る。また、工場長どうしの会議が行われる本庁などへも行く。休日で、ごみ処理場にいないときも、施設に問題が生じたときは運転係から電話を受けて、対応にあたる。

Chapter 3　ごみ処理場ではどんな人が働いているの？

働いている人に Interview! ⑦

不燃ごみ処理施設の担当

不燃ごみの処理施設で
ごみを受け入れ、細かくし、
資源を選び取る作業の管理をする。

保科 亮太さん

東京二十三区
清掃一部事務組合
中防処理施設管理事務所
不燃施設 係

大学でロボット工学の分野を学んで卒業。東京二十三区清掃一部事務組合に採用され、東京湾にある中防処理施設管理事務所で不燃施設係として仕事をしている。

編集部撮影

Interview!

不燃ごみ処理施設の担当ってどんな仕事？

私たちが分けて出すごみや資源のうち、燃やさないごみ（不燃ごみ）を受け入れて処理する作業の管理をする。不燃ごみはそのまま埋め立てると、体積がかさんで最終処分場がすぐ満杯になってしまうので、処理では砕いて細かくする。また鉄やアルミなどの資源になるものも回収する。

東京湾の防波堤で不燃ごみを処理

　私は、東京湾の中央防波堤という人工の島にある、不燃ごみの処理、それに粗大ごみの処理（→90ページ）を行っている「中防処理施設管理事務所」という施設で働いています。この事務所は、千歳清掃工場（→54〜83ページ）と同じく、東京二十三区清掃一部事務組合（清掃一組）の施設のひとつです。

　にぎやかな町からバスに乗って、海底トンネルをくぐってやって来るようなところにあるので、みなさんはあまり来たことがないかもしれませんね。でも、中央防波堤は2020年の東京オリンピックのボート・カヌーの競技場の建設予定地としても、話題になっています。

　不燃ごみ処理施設は、「不燃ごみ」を受け入れる施設です。油で汚れた缶や化粧品のびん、割れたガラスの器、電球や蛍光灯、使い終えた乾電池、金属のフライパンなどを受け入れています。そして、受け入れた不燃ごみを装置で細かく砕いて小さくします（→52ページ）。小さくすれば埋め立てるとき、すぐに満杯にならずにすみますからね。それと、この施設ではもうひとつ、鉄やアルミニウムなどの再び使うことのできる資源を選び取ることもしています（→52ページ）。

　こうした作業を実際にしているのは、頼んでいる会社のみなさんですが、私たちはそうした作業が問題なく進むように、作業の計画を立てたり、作業の現場を見守ったりする「管理」の役目をしています。

Chapter 3　ごみ処理場ではどんな人が働いているの？

船による不燃ごみの運び込みを管理

　私自身は、もともとプラスチックモデルなど、ものをつくることが好きで、大学ではロボットについての勉強をしていました。仕事では「大きなもの」にたずさわりたいと考えていました。清掃工場もそのひとつだったので、清掃一組の採用試験を受けました。

　採用されて、「たくさんある可燃ごみの清掃工場のどこかで働くんだろうな、たぶん」と思っていたところ、「あなたの働く場所は、中防の不燃ごみ処理施設です」と言われました。不燃ごみ処理施設は、東京23区の中に2つしかありません。「中防ってなんだろう。どんなところなのかな？」といった不安もありましたが、めずらしい施設で働けることにわくわくもしました。

　不燃ごみ処理施設での私の仕事のひとつは、「船」の管理です。「ごみ処理と船って何か関係があるの」と思うかもしれませんね。実は、不燃ごみをトラックのほかに船でも運んでいるのです。東京には高速道路の下などに川が流れていますが、川岸に船をつけて不燃ごみを積み込んで、隅田川と東京湾を通って不燃ごみ処理施設まで運んでくるのです。船に

ガスボンベなどが混ざっていないかどうかチェック

Interview!

不燃ごみを積む場所を「船舶中継所」といい、千代田区の三崎町にある神田川の中継所と、北区の堀船にある隅田川の中継所が使われています。

船1隻で、トラック1台の5倍の量の不燃ごみを運べますし、道路と違って渋滞がないのも便利です。2カ所の船着き場と2隻の船を使うほかに、水面をきれいに保つために水面清掃船という船も動かしています。私はそれらの船のスケジュールなどを立てています。

船についてもうひとつ、中央防波堤は、東京オリンピックのボート・カヌー会場がつくられる候補地となっているので、船から不燃ごみを積

不燃ごみ処理施設の担当のある1日

8時30分	業務開始。係の人たちで打ち合わせ。
8時45分	自分のその日の仕事を確認。
9時	工事中の現場のようすを見に行く。現場で、作業をする委託先の会社の社員と打ち合わせ。
11時	水面清掃船を出すための手配。
12時	お昼休み。持ってきた弁当を食べる。
13時	委託先の会社の社員との打ち合わせ。
13時30分	設備を修理するための計画を立てる。
16時30分	翌日の予定を確認。
17時15分	業務終了。

補修した設備の確認も大切な仕事

み下ろすための場所が移ることになります。私はその計画にもたずさわっています。積み下ろす施設は東京都のもちものなので、私たちは使う側の立場として移し替えの計画に参加するのです。

「現場に何度も行くことが大事」

もちろん、船にかかわる仕事だけでなく、私は不燃ごみ処理設備の見回りなどもしています。設備を実際に動かしている会社の作業者の方から、「設備の調子がちょっと悪いのですが……」と連絡を受けたときは現場に行って、どのように調子が悪いのかをくわしく聞きます。そして、補修が必要なときは、補修をしてくれる会社に連絡して補修をお願いします。

このように、作業をする方や補修をする方は、別の会社の人たちであり、私よりもうんと年上のベテランの人たちも多くいます。働きはじめてすぐのときは、新人の自分がベテランの人たちに「こうしてください」と指示を出すのも緊張しましたね。でも、相手のほうが作業する現場のことにくわしいのは当然なので、私にわからないことがあるときは、

プレスされた不燃ごみ

Interview!

素直に「教えてください」と聞くようにしました。直属の係長からは、「現場に何度も行って顔を見せることが大事だぞ」と言われ、そのようにしました。ベテランの人たちにもだんだんと気に入られるようになりました。

ものづくりの知識や興味を活かしていきたい

大学ではロボットについて学んできたので、たとえば不燃ごみから鉄を選び取る磁選機や、アルミを選び取るアルミ選別機などの装置の性能をさらによくするようなことでも、貢献していければいいなと思います。

もちろん、ものをつくることへの興味は今もあります。もし将来、不燃ごみの処理施設を建て替える工事などがあれば、その計画にかかわれたらいいなと思っています。

この仕事をして思ったことは、ほかの会社の人との打ち合わせや、上司への仕事の報告などでコミュニケーションをとることが多いということです。きちんと自分の考えを伝えたり、ときには甘え上手になったり、コミュニケーション力をつけることが大切だと感じています。

不燃ごみ処理施設の担当になるには

どんな学校に行けばいいの？

不燃ごみの処理施設は、54～83ページまで紹介した可燃ごみを扱うごみ処理場とは異なる施設となるが、ごみ処理場の仲間のひとつと位置づけられる。そのため、可燃ごみ処理場での多くの係と同じように、大学や大学院で理系の勉強をすることが、この係で働くためにも有利になる。

どんなところで働くの？

不燃ごみ処理施設内の建物にある事務所と、同じく施設内のごみ処理設備がある現場を行き来する。何年間か不燃ごみ処理施設で仕事をしたあと、焼却炉のあるごみ処理場に移ることも多い。

Chapter 3　ごみ処理場ではどんな人が働いているの？

働いている人に Interview! ⑧
粗大ごみ処理施設の担当

粗大ごみの処理施設で
ごみを分け、細かくし、
鉄を選び取る作業の管理をする。

中井勇気さん

東京二十三区
清掃一部事務組合
中防処理施設管理事務所
粗大施設 係

大学と大学院で電気の分野を学び、修士課程を修了。東京23区特別区職員採用試験に「電気職」として採用され、東京二十三区清掃一部事務組合で働くことに。中防処理施設管理事務所の粗大施設係となる。

編集部撮影

Interview!

▶ 粗大ごみ処理施設の担当ってどんな仕事？ ◀

運ばれてきた粗大ごみを、まず家具などの可燃ごみと自転車などの不燃ごみに分ける。そして装置で砕いて小さくする。さらに鉄は資源になるので装置で選び取る。可燃ごみは焼却炉のあるごみ処理場へ運び出し、資源は会社に売る。粗大ごみ処理施設の担当は、こうした作業の管理をする。

大きなごみを砕いて小さくする

東京湾の中央防波堤にある中防処理施設管理事務所には、不燃ごみの処理施設（→84ページ）とともに、粗大ごみを処理するための施設があります。私は粗大ごみ処理施設で働いています。

粗大ごみというのは、どんなものかわかりますか？　みなさんの住んでいる地域によっても少し違ってきますが、「一辺の大きさがだいたい30センチメートル以上のごみ」を、粗大ごみといいます。ここには、いろいろな種類の粗大ごみが運ばれてきます。いちばん多い粗大ごみはなんだかわかりますか？　みなさんも使っている「ふとん」です。その数は一年間で90万枚ぐらい。つぎに多いのはたんすなどの「箱物家具」です。そして「椅子」「衣装箱」「テーブル」と続きます。

粗大ごみでないふつうのごみを可燃ごみと不燃ごみに分けるのと同じく、粗大ごみも可燃ごみと不燃ごみに分けます。綿でできたふとんや木でできた家具などは可燃ごみ。金属でできた自転車などは不燃ごみ。これらも手作業で分けていきます。

そして、分けた粗大ごみをそれぞれ15センチメートル以下の大きさまで、回転式破砕機という装置を使って小さく砕きます。通常のごみと同じように粗大ごみについても、やっぱり小さくすることが大切なんです。50キログラムもある重い鉄のハンマーが装置の中を回ることで粗大ごみを砕いていきます。でも、すぐにハンマーはすり減っていき、2カ月も使い続けると43キロぐらいまで減ってしまって丸くなってしま

うんですよ。

　粗大ごみのうち、自転車などの不燃ごみには、鉄がたくさん使われています。鉄は再び使うことができる資源なので、粗大ごみ処理施設で鉄を選び取って、リサイクルをする会社に売るなどしています。一方、粗大ごみのうち、可燃ごみは、焼却炉のある施設にトラックで運び出します。資源にならず、燃やすこともできないごみだけは、最終処分場にトラックで運び出します。

運び出す量は一日250トン

　私たち、東京二十三区清掃一部事務組合（清掃一組）の職員は、粗大ごみ処理施設を運営する仕事をしています。実際の作業をお願いしている会社の責任者の方に設備を動かす指示を出したり、設備を補修するために、実際に補修してくれる会社と契約をしたりしています。

　そのなかでも私は、砕いて細かくしたごみを運び出す段階で、実際に運び出しをする会社と連絡をとりあったり、コンテナ車のコンテナの管理をしたりする仕事を担当しています。2011年3月に起きた東日本大

破砕するためにコンベヤで粗大ごみが送られます

Interview!

震災のときに出た、がれきなどのごみを運ぶのに活躍した、コンテナ車を借りて使っています。それにダンプ車も使っています。ここ粗大ごみ処理施設と、焼却炉のあるごみ処理場のあいだを行ったり来たりして、一日250トンぐらいのごみを運び出しています。

鉄の部品もすり減るので、取り換えていく

金属なども含まれた粗大ごみを砕いたり運んだりするので、それらが当たるような設備はすぐに削れていってしまいます。年2回、夏と冬に、粗大ごみ処理施設を動かすのを止めて、すり減った機械の部品をまとめ

粗大ごみ処理施設の担当のある1日

8時30分	業務開始。実際に作業をする会社の責任者から引き継ぎ。
8時45分	さまざまな作業をする会社の担当者とのあいだで会議。
9時15分	設備を補修する工事のための書類づくり。
11時	設備の故障の連絡を受けて設備のある現場へ行く。
12時	お昼休み。
13時	区役所の職員の見学を案内。
14時30分	現場の見回り。
15時30分	事務所に戻って書類づくりの続き。
17時30分	業務終了。

コンベヤの状況を調査

て交換しています。粗大ごみ処理施設は東京23区にはここしかないので、設備を止めているときは、となりにある不燃ごみ処理施設の場所を使って粗大ごみの処理をしています。

　私は設備の補修も担当しています。粗大ごみを回転式破砕機まで運ぶコンベヤの鉄板がすり減ってしまうので、施設を止めているあいだに鉄板を取り換えます。補修工事をするための書類をつくって、実際に取り換えの作業をしてもらう会社と契約書を取り交わして、実際の工事に立ち会いました。

　もちろん、コンベヤの鉄板を取り換えるのにもお金がかかります。使えるお金の額は限られているので、その中で「この鉄板はとてもすり減ったので、今回必ず取り換えよう」「この鉄板にはあと半年がんばってもらおう」といったように、どれを先に取り換えるか順番を決めていきます。

　このように補修工事の計画を立てて、実際に取り換えをしてもらう会社の方たちや係の上司・先輩たちともコミュニケーションをとりあって工事を無事に終えられたときはとても達成感があります。特に、1年目のときにはじめて担当した補修工事では、うまくいってうれしかったこ

運転状況をモニターで確認

Interview!

とが印象的ですね。

始めると感じられる仕事の楽しさ

　まだ、上司や先輩に助けてもらいながら仕事をしている感じです。でも、職場や係が変わることもあるし、いつまでも今の上司や先輩に助けてもらうわけにはいきません。早く、自分が粗大ごみ処理施設全体について知りつくして、管理できるようになりたいです。

　粗大ごみ処理施設で働き始める前は、大学や大学院で学んだ電気とのかかわりがより大きい仕事をしたいと考えていました。でも、ここで働き始めて、大きなごみを砕いて小さくするという処理にかかわることができ、「この仕事、興味深いな」と感じるようになりました。

　将来、みなさんも実際に仕事をしてみたら楽しいと感じることがあると思います。どんな仕事に就いても、ぜひその仕事を楽しむ気持ちを忘れないでくださいね。

粗大ごみ処理施設の担当になるには

どんな学校に行けばいいの？

　設備を管理する仕事でも、設備を実際に動かす作業でも、粗大ごみ処理施設の設備を動かすのに必要な知識があると有利といえる。たとえば、大学の学科や、大学院の専攻で「電気」のことを学んでいれば、粗大ごみ処理施設の、回転式破砕機などの装置を動かすのに大切な、電気関係の知識を活かすことができる。

どんなところで働くの？

　東京23区の場合、中防処理施設管理事務所と、粗大ごみ処理施設がある現場を行き来する。

▶ ごみにまつわるこんな話1

空き缶はつぶす？ つぶさない？

　缶に入ったコーラやコーヒーを飲んだことはあるかな。
　コーラの缶はアルミニウムという金属でできているから「アルミ缶」という。からになったら、手や足でかんたんにつぶすことができる。コーヒーの缶のほうは多くが鉄でできていて「スチール缶」という。こっちはちょっと硬くてつぶすのに力がいる。
　今、日本人はアルミ缶を1年間で200億缶以上も使っているという。スチール缶もおよそ100億缶使っている。一人当たりアルミ缶かスチール缶を、だいたい1日か2日で1缶使っている計算だ（大人のほうが缶ビールなども飲むから、たくさん使っているかもね）。
　そして、アルミ缶もスチール缶もリサイクルされる率は90パーセントを超えているんだ。「燃やさない」や「缶・びん類」といった袋に空き缶を入れて、ごみ置き場に出す。コンビニエンスストアや自動販売機に置かれているごみ箱に空き缶を出す。あるいは、学校などに空き缶を持っていってみんなで集めているという人もいるんじゃないかな。どの方法でも、リサイクルを行う企業や市区町村が空き缶を車でもっていって、リサイクルに使われるんだ。つまり、みんなもリサイクルに協力をしているんだよ。

市によって「つぶして」「つぶさないで」
　ところで、空き缶をごみ袋やごみ箱に入れるとき、つぶしているかな。それともつぶさないかな。
　みんなの住んでいる市区町村によっては、「空き缶をつぶさないで」と呼びかけているところもあるんだよ。たとえば、東京都の三鷹市という市は「中身を使い切ってよくすすぎ、できるだけつぶし

て出してください」と、呼びかけている。でも、三鷹市のすぐ西にある府中市では「つぶさずに出してください」と、呼びかけているんだ。

　つぶすほうが、缶の体積が小さくなるから、ごみ箱にも多くの缶が入るし、リサイクルのために車で運ぶときもたくさんの缶を運べるからなにかと都合がよさそうだよね。

　では、「つぶさずに出してください」と呼びかける市などがあるのはどうしてだろう。

　これは、アルミ缶とスチール缶を機械で分けようとするとき、空き缶がつぶれていると分けづらいからなんだ。アルミ缶とスチール缶を選び分ける機械が反応しづらかったり、また手作業で分けるときにも、缶のラベルが見づらくなるため分けにくくなったりする。アルミの中に鉄が混ざっていたり、鉄の中にアルミが混ざっていたりすると、資源としての価値が下がったり、リサイクルできなくなってしまうんd。

　三鷹市の西のほうにある八王子市は「軽くつぶしてください」って呼びかけているよ。空き缶をつぶしたほうが運ぶときの効率がよくなるけれど、つぶし過ぎちゃうとアルミ缶とスチール缶を分けづらくなるから、こう呼びかけているんだね。

あなたの町の「ごみの出し方」を調べてみよう

　あなたの住んでいるところでは、空き缶は「つぶして」と呼びかけられているだろうか。それとも「つぶさないで」のほうかな。それぞれの市区町村のホームページには「ごみの出し方」というページがあるだろうから、そこを見てみるといいよ。ホームページを見てもわからなかったら、親や学校の先生に聞いてみよう。思い切って役所に電話をして聞いてみるのもいいだろう。

Chapter 3　ごみ処理場ではどんな人が働いているの?

▶ ごみにまつわるこんな話2

焼却炉を立ち下げる、立ち上げる

　ごみ処理場は、ごみを燃やすための施設。この本で紹介した千歳清掃工場(→54〜83ページ)のように、24時間ずっと焼却炉を動かしてごみを燃やし続けているごみ処理場は多い。

　けれども、たまに焼却炉でごみを燃やし続けるのをストップしなければならないときもあるんだ。それがどんなときか、ここまで読んでくれたみなさんはもうわかるかもしれないね。

点検や緊急事態のとき焼却炉を立ち下げ

　ひとつは、ごみ処理場の設備全体をまとめて点検するときだ。設備の補修や部品の交換をこのとき一気ににやってしまえば、故障のたびに設備を止めるということは少なくなるからね。

　もうひとつは、体や環境に悪い物質が、決められた量を超えて出続けてしまうような緊急事態のときだ。ごみ処理場のまわりに住む人びとやその環境、それにごみ処理場で働く人たちにも悪い影響が出るおそれがあるので、動かしている焼却炉を止めなければならない。

　動いている焼却炉を止めることを「立ち下げ」という。あまり聞かない言葉だけれど、止まっているものを動かすという意味の「立ち上げ」ということばは聞いたことがあるんじゃないかな。その逆だと考えればいい。

立ち下げも立ち上げも簡単ではない

　焼却炉を立ち下げるときは、炉の中のごみをすべて燃やしきる。最後のほうは炎を出すバーナーという装置を使ってごみを燃やしき

るんだ。バーナーを使わないと、最後のごみが燃えるときの温度が800℃より下がってしまい、ダイオキシンという毒性の物質が出てしまうからね。

ごみを燃やしきったとしても、800℃以上の高温で燃えていたのだから、すぐには炉の中の温度は下がらない。炉の中に入れる温度になるには、1日か2日は待つ必要があるんだ。

温度が下がったらようやく炉の中に入ることができる（→64ページ写真）。点検のときは異常がないか、緊急のときは問題の原因がないかを調べることができる。

今度は、立ち上げだ。立ち上げのときにも作業の順番がある。いきなりごみを燃やし始めてしまうと、やっぱり800℃より低い温度でごみを燃やすことになってダイオキシンが生じてしまう。だからバーナーで炉の中を高い温度にしてから、ごみを燃やし始める必要があるんだ。

立ち下げはなるべく避けたいけれど……

焼却炉の立ち下げと立ち上げは、結構大変なんだね。炉の中を冷ますのにも、温めなおすのにも時間がかかる。それに、バーナーでゴミを燃やしきったり、炉を温めたりするときには、燃料のガスが必要だからお金もかかる。

だから、点検のとき以外では、できることなら焼却炉の立ち下げはしないで、ずっと動かし続けたい。けれども、人びとの体や環境への悪い影響が続かないことが何より守られるべきことだから、緊急で焼却炉を立ち下げるということもやはり必要なことではあるんだ。

Chapter 3　ごみ処理場ではどんな人が働いているの?

▶ **ごみにまつわるこんな話3**

ごみ処理場に運ばれるごみ第1位は生ごみでもプラスチックごみでもなく……

　私たちが出しているごみには、いろいろな種類があるよね。バナナの皮や紅茶のティーバッグなどは「生ごみ」で、いらなくなったコピー紙などは「紙のごみ」。コンビニエンスストアなどで売っているお惣菜のパックは「プラスチックごみ」になる。

　では、ごみ処理場には、どんな種類のごみが、それぞれどれだけの量が運び込まれてきているんだろう。

　実は、こうしたことを、ごみ処理場の職員の人たちは調べているんだ。「ごみ性状調査」というんだよ。「性状」というのは「ものの中身や状態」といった意味の言葉。まさに、ごみ性状調査では、ごみの中身や状態を調べるんだ。

　地域によって違うけれど、ごみ性状調査はそれぞれのごみ処理場で年に1回以上は行われることが多い。たとえば、54〜83ページで紹介した千歳清掃工場をはじめとする東京23区のごみ処理場では年に4回、ごみ性状調査をしているよ。

ごみをひとつずつていねいに分けていく

　性状調査の日、ごみ処理場の職員たちは、たくさんのごみが置かれている「ごみバンカ」を見下ろせる「ホッパステージ」という平らなところに集まる。みんなヘルメットとマスクをつけている。

　ホッパステージに敷いたブルーシートの上に、調べるためのごみ、それに種類ごとに分けるための大きなポリタンクが置かれている。ごみ処理場に集まっているごみをすべて調べるわけにはいかないから、そのなかから「ひとつかみ」をサンプルとして取り出すんだ。

そして「これは生ごみ」「これはプラスチックごみ」といったようにごみを分けていくんだよ。

　ごみのにおいは、服などについてしばらく取れないほど強くて大変だけれど、ごみ性状調査はごみ処理をするのに大切な作業なんだ。たとえば、「金属ごみ」が多いとわかったら、ごみを出す私たちに「金属を、燃やすごみといっしょに出さないようにしてください」ととりわけの注意を促すことができる。ごみ処理場を正しく動かすための基本になる大切なデータを得ることができるんだ。ごみ性状調査では、「水分」「可燃分」「灰分」ではどれが多いかといったデータも出しているよ。

第1位はずっと「紙ごみ」

　さて、実際のごみの種類と比率はどんなものだろう。下のグラフを見てみよう。「紙ごみ」が「生ごみ」「プラスチックごみ」などよりも多いんだね。実はこの順番は、ごみ性状調査が始まった昭和30年代から、そんなには変わっていないんだよ。私たちは、たくさんの紙を使っては捨てているということがよくわかるね。

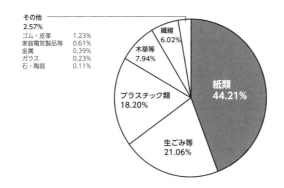

清掃工場に運ばれてきたごみ。2015年度の東京23区の清掃工場の平均。「ごみ性状調査報告書」による。

Chapter 4

ごみ処理を支えるために、どんな人が働いているの？

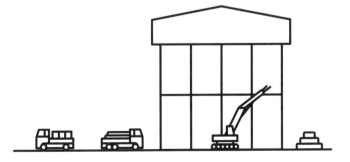

Chapter 4　ごみ処理を支えるために、どんな人が働いているの？

ごみ処理を支える仕事を Check!

ごみ処理という
大切な仕事を、
さまざまなかたちで
支える仕事もある。
その職場を見てみよう。

　美保さん・清田くんはごみ処理場を案内してくれた女性職員から、「建て替え中のごみ処理場があるの。もし興味があれば、建て替え現場で働いている職員に案内させるわ」と言われた。2人は「はい！」と返事。1週間後、女性職員から渡された地図を頼りに、ごみ処理場の建て替え現場を訪れた。

まわりの住民に配慮しながらごみ処理場を建て替え

 美保さん「たぶん、あそこじゃないかな。早く早く！」
　　　　　清田くん「美保さん、ちょっと待ってよー」
 工事担当「あっ、お二人さん」
　　美保さん「あっ、こんにちは。ごみ処理場の職員の方から言わ

れて、見学に来ました。今日はよろしくお願いします」
清田くん「お忙しいところすみませんけれど、よろしくお願いします」
工事担当「2人の好奇心ぶりは、聞いているよ。こちらこそ、よろしく。じゃあ、さっそく、ヘルメットをかぶって出発しよう。工事現場は安全第一。十分に気をつけてね」
美保さん・清田くん「はい、わかりました」
清田くん「ところで、さっきからトラックやダンプなど、いろいろな車が入ってきていますね」
工事担当「そうだね。**ごみ処理場を新しく建てるのに必要な材料や部品などを、つぎつぎと運び込んでいるんだ。いちばん多いときで一日200台の車が入ってくる**んだよ」
清田くん「すごい数……」
工事担当「見ての通り、まわりにはマンションなどの住宅が多く建っているよね。それに大きな道路もあって、たくさんの車が走っている。だから、材料を運ぶ車のルートを決めたり、車が出入りする日時を限定して、なるべくまわりのみなさんにご迷惑をかけないようにしてるんだ」
美保さん「いろいろ大変なんですね。あと、向こうに白くてとても大きいテントみたいなものが見えますけれど……」

Chapter 4　ごみ処理を支えるために、どんな人が働いているの？

工事担当「あれはね、まさに巨大なテントなんだよ。あの中で何をやっていると思いますか」

清田くん「わかった！　ロックのコンサート！」

工事担当「オーイェー！　今日はみんなで盛り上がろうぜー！　……って違うよ！」

美保さん「……（ノリのいいおにいさんね）。きっとテントの中でも何か作業をしているんですよね」

工事担当「そう。あそこは工場が建っていたところなんだ。建物はほとんどばらばらに解体するんだけれど、**なにも覆わずに解体していくとちりやほこりが飛んで、やっぱりまわりの人たちのご迷惑になるから、巨大なテントで覆ってその中で解体をしている**んだ。2人が今見ているテントは、地下部分を解体するテントで、半年前までは地上の建物を解体するための世界一巨大なテントで覆われていたんだよ」

美保さん「へえ！　そうなんですね」

清田くん「ところで、煙突はまだ建っていますけれど……」

工事担当「実は煙突だけは残すんだ。まださほど傷んでいないし、大地震があっても耐えられるように建てられているからね」

清田くん「でも、煙突の真ん中あたりに、輪っかみたいなものがついて

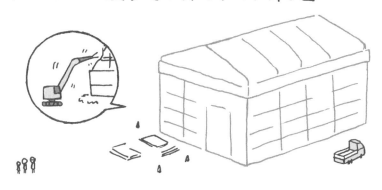

いますね。お肉が1個だけ残った串焼きみたい！」
工事担当「うん、じゃあぼくが食べちゃおっかなー、パクリ！　って違う！　……そのお肉というか輪っかになっているところは**作業台**なんだ。あの高さのところに**作業者がいて、煙突の外側の壁を補修している**んだよ。輪っかの作業台は少しずつエレベーターみたいに上がっていって、ペンキを一旦はがしてからまた塗っていくんだ」
美保さん「煙突さん、お色直しするんですね〜」
工事担当「そう。こうして、ごみ処理場は新しい姿になって、再びたくさんのごみを燃やしていくんだよ」
美保さん・清田くん「そうなんですね。ありがとうございました」

海外から来た人たちに見学ツアーの案内

　冬休み、美保さんと清田くんの学校で「職業体験インターンシップ」が企画された。2人はごみ処理組合の「国際協力課」で職業体験ができることを知り、参加することに。アフリカの国々から日本の技術を視察しに来た人たちが、最新設備の入っているごみ処理場を見学するツアーのお手伝いをすることになった。

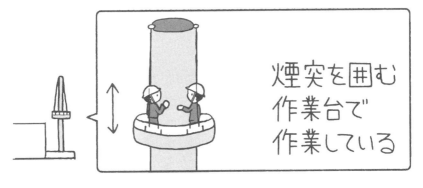

Chapter 4　ごみ処理を支えるために、どんな人が働いているの?

　国際担当「ハイ!　ミホサン&キヨタクン!　ナイストゥミートュー!」
清田くん「えっ……。ハ、ハ、ハロー……」
国際担当「ごめん、冗談でした。ぼくも日本人だし、日本語で話そう!」
清田くん「なんだ、びっくりしたー」
美保さん「今日はよろしくお願いします。このごみ処理場、はじめて来ましたが、大きくてぴかぴかですね」
国際担当「うん。**最新のごみ処理技術がそろっているから、外国から来たみなさんに日本の先端技術を知ってもらうことができる**んだ。もうすぐ見学ツアーのみなさんが来るから、2人にはみなさんに説明するための資料を、机の上に置いていってもらおうかな」
清田くん「はい、わかりました。あ……っと、**この資料、英語だけじゃなくて、別の言語でも書かれていますね**」
国際担当「フランス語だよ。アフリカには英語が共通語の国と、フランス語が共通語の国があって、両方から来るからね」
美保さん「どなたが英語とフランス語の説明を書いたんですか」
国際担当「ぼくが日本語で書いたものを翻訳者に訳してもらったんだ」
清田くん「あっ、バスに乗ってみなさんがやってきた!」

美保さん「本当だ!」

ケニア人「キョウハ、ショウタイシテクダサリ、ドウモアリガトウゴザイマス」

ガーナ人「ヨロシクオネガイシマス」
ギニア人「ワタシタチノクニニモ、コンナシセツガアッタライイデス」

国際担当「ありがとうございます。みなさん今日はようこそ。ここは、大気汚染や水質汚濁、それに騒音などをできる限り抑えた、日本の最新のごみ処理場です。どんなことでも質問してくださいね。ところで、今日はお手伝いの2人も来ているんです」

美保さん「(英語で)みなさん、日本へようこそ。今日はみなさんの見学ツアーをお手伝いします。よろしくお願いします」

清田くん「(うわっ! 美保さん、英語であいさつしている……。ならばぼくはフランス語で……) ポ、ポ、ポ……ポンジュースっ」

美保さん「……清田くん。ボンジュールじゃないの……」

清田くん「しまったー」

国際担当「2人とも度胸があっていいね(笑)」

資料は視察に来る国の言語に合わせて

元の日本語　英語　フランス語

必要に合わせて翻訳版を作成する

Chapter 4　ごみ処理を支えるために、どんな人が働いているの？

働いている人に

Interview! ❾

ごみ処理場の建て替え担当

生まれ変わる、ごみ処理場。
大規模な建て替えプロジェクトを、
工事の監督として進めていく。

吉田慎太朗さん
東京二十三区
清掃一部事務組合
建設部建設課
工場建設第三係

大学で機械工学を勉強して卒業。25歳のとき、東京23区特別区職員採用試験に合格し、板橋区の職員として採用される。その後、東京二十三区清掃一部事務組合に派遣され、板橋清掃工場で働く。現在は組合の職員となり、建設部建設課で活躍。

編集部撮影

Interview!

ごみ処理場の建て替え担当ってどんな仕事？

　ごみ処理場のうち清掃工場はおおむね25〜30年に一度建て替えられる。その建て替えのプロジェクトを工事現場で監督する。建て替えには建設会社や設備メーカーなどのさまざまな会社が参加するので、そうした会社の工事担当者たちに指示を出したりして、建て替えプロジェクトを進めていく。

巨大な清掃工場を建て替える工事の「監督」

　私は、東京都杉並区にある杉並清掃工場の建て替え工事を担当しています。この工事は、完成まで約5年もかかるとても大きな規模で、私たち東京二十三区清掃一部事務組合（清掃一組）の職員だけで建て替えをすることはできません。さまざまな会社に建て替えのための実際の作業をしてもらっています。工事にたずさわる人は、いちばん多いときで一日に1000人にもなるんですよ。そんな大規模な工事の「監督」を、私を含む清掃一組建設課の職員たち8人が務めています。
　「監督」というと、野球やサッカーの監督、または映画の監督を思い浮かべるかもしれませんね。私たちは、実際に建て替え作業をする会社の工事担当者たちに、「この期間のうちに設備を入れてください」「ここの部分の工事はどうなっていますか」などと指示や確認をしています。それぞれの会社の工事担当者も、作業する人たちの「監督」さんなので、私たちは「監督の監督」と言われたりします。

工事の現場も「安全第一」で

　私は大学で機械について勉強してきたこともあり、この杉並清掃工場の建て替え工事では、新しく入れる設備について、設計から設置まで確認する作業が主な担当です。それだけでなく、水やガスなどの配管についてのことなども、まんべんなく担当しています。

工事現場は「安全第一」です。安全を保つための基本は、「整理整頓」ですね。歩く通路に道具や材料が転がっていたらつまずいてしまいます。現場を回っていて、危ないなと思ったところはすぐに工事の担当者に言って直してもらいます。

工事の会社とも、地元の人びとともコミュニケーション

今の仕事をするまでの経緯を紹介しますね。大学卒業後、誰かの役に立つ縁の下の力持ちのような仕事をしたいと思い、東京の特別区職員採用試験を受けて採用されました。そして東京23区のうち、板橋区の職員になり、板橋清掃工場で働くことになりました。そこでの担当は運転係（→54ページ）でした。

ごみ処理の仕事と聞いて、はじめは「どんな施設なんだろう。ごみって汚いし臭いし、いやかも」という気持ちもありました。けれども、清掃工場にたくさんある機械にたずさわれることになったので、働いているうちに楽しくなってきました。どんな仕事でもイメージで判断せずに、実際にやってみることが大切だと実感できました。

工事担当者と打ち合わせ

Interview!

　杉並清掃工場の建て替えにかかわるようになったのは、工事が始まる前でした。建設調整係という係で、「建て替え工事に参加したい」という会社の各チームに、「新しい清掃工場をこのような施設にします」といった提案をしてもらい、それを評価して実際に工事をお願いするチームを決めていく仕事を担当しました。

　その後、杉並清掃工場の建て替えが始まると、今度は今の建設部建設課の工場建設係として、この建て替えの工事現場で監督をするようになりました。

　まだ建物が建っていないときは、「こんな建物になります」というのが描かれた設計図とにらめっこをし

ごみ処理場の建て替え担当のある1日

8時30分	業務開始。工事現場を見回る。
9時15分	工事を頼んでいる会社の担当者と打ち合わせ。
10時	新しい清掃工場の設計図面を確認。
12時	お昼休み。
13時	午前に確認していた設計図面について、工事を頼んでいる会社の担当者と打ち合わせ。
15時	設備設置の立ち会い検査。
17時30分	残業。近くの住民向けに工事の進み具合を説明する書類をつくる。
19時	業務終了。

毎日工事現場を見回ります

ていました。建物を建てるときには設計図が欠かせません。紙のうえに描かれている設計図を見て、そこから立体的な建物を想像することのできる能力は、この仕事ではとても大切だと思っています。

実際に建物の骨組みができていくと、焼却炉などの設備などがそこに入ってきます。もし、設備の置き方が設計図と違っていて、それにより実際に運転するとき危険なことが起きたり、使い勝手が悪かったりするおそれがあれば、設備を入れてもらう会社に、設備の置き方などをもう一度、考え直してもらうこともあるんですよ。

そうして工事担当者たちとコミュニケーションをとる一方で、清掃工場のまわりで暮らしている地元のみなさんに工事のことをご理解していただくようにもしています。清掃工場の近くに住んでいるみなさんに、「来月は、付属棟を解体する工事を始めます」とか「来月は、ボイラーなどの主要な設備を入れる作業をします」などと、工事の予定を伝えるようにしているんですよ。予定を知らないまま、いきなり解体作業の大きな音が聞こえてきたら、みなさんに不快な思いをさせてしまいますからね。あらかじめ工事の情報を伝えることで、住民のみなさんにご理解をいただけるようにしています。

図面を見ながら工事の進み具合を確認

Interview!

新しい清掃工場が建っていくのを見られるのが魅力

　新しく生まれ変わる杉並清掃工場は、みどりが豊富で、太陽光パネルを多く取りつけるなど、環境に調和した施設になります。すぐれた発電設備を入れることで、杉並清掃工場の発電効率は国内でも最高レベルとなる予定です。また、建物の高さを昔の清掃工場より低くして、町の風景になじむようにします。
　建て替え工事の監督として、完成するまで無事に事故なく工事を進められることが何よりの目標です。
　この仕事の魅力は、建物が建っていくのを日々見られることですね。はじめは図面に描かれるだけだったものが、みんなの力で建物になっていくのですから。
　清掃工場を建てたり建て替えたりする仕事にかかわる機会は、そう多くはないと思います。私自身も、建て替えの仕事にたずさわれるとは思っていませんでした。でも、今は大規模なプロジェクトにたずさわる経験ができて、幸運だなぁと思っています。

ごみ処理場の建て替え担当になるには

どんな学校に行けばいいの？
　ごみ処理場の建て替え工事を監督するためには、建築の知識が大切になる。また、焼却炉などの設備を新しく入れることになるので、機械や電気などの知識も必要となる。大学または大学院で建築学や機械工学、電気工学などを学んでいることが有利になる。

どんなところで働くの？
　建て替え工事が行われている場所で働くことがほとんど。工事現場の中に建てた事務所で図面を確かめたり書類をつくったりする。また、工事現場にもひんぱんに行く。

Chapter 4　ごみ処理を支えるために、どんな人が働いているの？

働いている人に Interview! ⑩

国際協力担当

世界に向けてごみ処理の技術を伝える。
海外からの見学者を受け入れる。
海外に行き、ごみ処理の相談に乗る。

しらとりのぶよし
白取靖佳さん

東京二十三区

清掃一部事務組合
せいそう じ ぎょうこくさいきょうりょくしつ
清掃事業国際協力室
せいそう じ ぎょうこくさいきょうりょく か
清掃事業国際協力課

高校を卒業したあと、東京23区特別区職員採用試験に合格し、荒川区の職員になる。その後、東京二十三区清掃一部事務組合に派遣となり、板橋清掃工場の管理係、また総務部の広報・人権係を務める。組合の職員となったあと、清掃事業国際協力室へ。

編集部撮影

Interview!

国際協力担当ってどんな仕事？

日本のごみ処理に興味をもつ海外の人たちに、ごみ処理の技術を紹介する。海外の人たちが希望するごみ処理場の見学を受けたり、見学のとき説明をしたりする。また自分たちが海外の国に行って、その国がかかえているごみ処理の問題を解決するためのお手伝いをする。

ごみ処理は世界の課題、日本の方法を伝える

 私は東京二十三区清掃一部事務組合（清掃一組）の国際協力室で働いています。海外の人たちに、私たちのごみ処理の技術を紹介したり、海外の国で技術を導入するための手伝いをしたりしています。
「なぜ、日本のごみ処理の技術を海外の人たちに紹介するの」と思うかもしれませんね。東京を含め、日本は「ごみ処理をどのようにするか」という問題にずっと取り組んできました。私たち日本人は、ごみを処理するための技術や仕組みをいろいろと考えてきたんです。
 世界ではどこの国も「ごみ処理をどのようにするか」という問題をかかえています。そこで、海外の国の人たちが「東京で使われている技術を取り入れよう。仕組みを参考にしよう」と関心をもったり、実際に技術や仕組みを取り入れたりできるように、私たちのごみ処理の仕方を紹介しているのです。そうすることで海外のごみ処理の問題を解決するのに役立つことができます。
 ごみ処理の問題は世界的な問題なので、少しでも私たちのごみ処理の仕方が役立てられればという考えのもと、国際協力担当は仕事をしています。

海外の人たちが希望する清掃工場の見学を受ける

 国際協力担当の主な仕事のひとつに、海外の人たちの希望にそって、

Chapter 4　ごみ処理を支えるために、どんな人が働いているの？

私たちの清掃工場の見学を受け入れるということがあります。ホームページなども使って海外の国の人たちに向けて清掃一組のごみ処理の取り組みなどを紹介しているので、興味をもった海外の人たちから「東京の清掃工場を見てみたい」と希望をいただきます。

　そこで、私たちはそうした海外の人たちや、それに清掃工場で働く職員とも連絡をとって、見学を受け入れます。見学を希望する海外の人は、その国で働く公務員の人、新聞やテレビなどの記者の人、修学旅行などで日本にやって来る小学生、中学生、高校生など、さまざまです。また、いろいろな国から見学の希望をもらいますが、特に多いのは中国やタイといったアジアの国々ですね。見学の希望は、1年間で200件を超えるんですよ。見学してもらう施設はさまざまですが、東京23区の最新のごみ処理技術を感じてもらうために、2015年、練馬区に完成した練馬清掃工場など、新しい施設を紹介するなどしています。

　清掃工場の見学には私も参加します。海外の人たちが設備を見て回るとき、清掃工場の技術係の人とともに質問を受けたり、会議室で東京のごみ処理の技術を紹介するプレゼンテーションをしたりします。

　海外の人たちと、英語を使ってコミュニケーションができればよいの

海外の人たちに日本のごみ処理の技術を紹介

Interview!

ですが、私自身、英語が話せないため、通訳の方もいっしょに来ていただいています。語学力を身につけて、自分で伝えたいことを伝えられるようになるというのが、今のところの自分の課題ですね。

海外の国を
支援するために出張も
せいそう　しえん

清掃工場を見学した海外の人たちのなかには、「ぜひ東京のごみ処理の方法を私たちも参考にして、取り入れたい」と考えてくれる人たちもいます。そこで、今度は私たちが海外の国に出張して、海外の人たちといっしょに、その国でごみ処理がどのように行われているか調べたり、

国際協力担当のある1日

8時30分	業務開始。メールをチェック。
8時35分	ベトナムから清掃工場の見学希望のメールがあり、対応。
10時30分	海外出張の説明資料をつくる。
11時30分	いつもより早めのお昼休み。
12時30分	電車に乗って清掃工場へ。
13時30分	清掃工場に到着。見学の準備。
14時	タイの人たちの見学に立ち会い、説明。
15時30分	見学が終わり見送り。清掃工場の職員と打ち合わせ。
16時	電車に乗って自分の職場へ。
17時	職場に戻りメールをチェック。この日は少し残業。
18時15分	業務終了。

プレゼンテーション後に熱心な見学者からの質問に対応

Chapter 4　ごみ処理を支えるために、どんな人が働いているの？

東京の方法のどんな仕組みが使えそうかを話し合ったりします。

　また、東京に住んでいる一般(いっぱん)の人たちが海外に行って、ごみと資源の分別やリサイクル活動などを伝える住民交流の機会もありますので、そうした会に参加して、交流のお手伝いをするということもあります。これまで、トルコ、ベトナム、マレーシアに出張しました。

　海外に行くと、さまざまなごみ処理の仕方があるということに気付かされます。今、日本では、ごみを燃やして灰にしてから処分していますが、海外ではごみをそのまま埋(う)め立てることが多いんです。また、清掃(せいそう)工場がないため、ごみを燃やすごみと燃やさないごみなどに分けるという習慣がない国もたくさんあります。

　東京に住んでいる私たちが取り組んでいるごみ処理の方法を、海外の国々でのモデルにしてもらえればいいなと思います。清掃一組は2013年に、東京23区におけるごみの処理の方法や特徴などを「東京モデル」としてまとめました。それを海外にアピールしています。私たちのごみに対する基本的な考え方も説明します。「日本には、ごみをなるべく出さない（リデュース〈Reduce〉）、ごみにしないでくり返し使う（リユース〈Reuse〉）、資源として再び使う（リサイクル〈Recycle〉）という

見学希望は各国から来ます。メールで受けつけることも

『3R（スリーアール）』の考え方があります」といったことを伝えています。

海外と日本の文化を実感できる仕事

国際協力の仕事では、日本以外の文化にたくさんふれることができます。海外の国のよいところを感じたり、逆に、日本のよいところを感じたりもできます。「日本の町ってきれいなんだな。住んでいるみなさんがきれいにしようとしているんだ」といったことも実感しました。

海外の人たちに日本をより知ってもらう機会のひとつが2020年の東京オリンピック・パラリンピック。これからも、東京のごみ処理の仕方や仕組みを少しでも多く、海外の人たちに伝えていければと思います。

みなさんも、国際協力担当として仕事をすることに興味があるかもしれません。外国語を身につけることで、海外の人たちと深くコミュニケーションをとることができるようになると感じています。ですので、英語をはじめ外国語の勉強に力を入れるといいと思います。きっと世界が広がりますよ。

国際協力担当になるには

どんな学校に行けばいいの？

特にどんな学校に行かなければならないということはない。ごみ処理にかかわる仕事をしている中で国際協力の担当に移ることもある。ただし、海外の人たちとコミュニケーションをとるため日本語以外に英語と、できればさらにほかの言語を使えるようになっていると有利になる。

どんなところで働くの？

ふだんは事務室でパソコンの前で働く。見学の受け入れのときはごみ処理場に行って見学する人たちに説明をする。海外への出張も多い。

▶ ごみにまつわるこんな話4

かつて起きていた「ごみ戦争」

　このChapter 4で紹介した杉並清掃工場(→111ページ)は、昔「ごみ戦争」ともいわれた社会問題を象徴する施設のひとつだったんだ。

ごみの処理をめぐって対立が起きる

　1966(昭和41)年、東京都杉並区に清掃工場が建てられることが決まった。建て替え前の杉並清掃工場のことだよ。昭和30年代から日本は前より豊かになり、そのぶんごみの量も増えてきたため、新たに清掃工場をたくさん建てる必要があったんだ。

　けれども、自分の家のすぐ近くに清掃工場が建つのに反対する人も多くいた。「自分たちの町の空気が汚れるんじゃないか」と心配したんだ。清掃工場が建てられる予定の場所には、反対する人たちが集まって「工事をさせないぞ」と建て替えを止めさせようとする運動も起きた。清掃工場を建てる工事ができず、計画は遅れていったんだ。

　でも、ごみが増えていくのに清掃工場がないままだと、ごみはあふれていくよね。実際、あふれたごみは遠くの東京湾のほうまで収集車で運ばれていき、どんどん埋め立てられていったんだ。

運ばれてくるごみを地元の人たちが追い返す

　その埋め立て場所は、東京都の江東区にある。今は若洲とよばれる、海に接したゴルフ場やキャンプ場などもあるところだ。当時は「東京湾埋立15号地」と呼ばれていた。

　江東区には、自分たちの住んでいるところではないところで出るごみもたくさん運ばれてきた。多いときは一日5000台もの車が江

東区までごみを運んできたという。道路にごみが散らかったり、ハエが飛び回ったり、いやなにおいが漂ったりで、江東区の人たちは大変な生活を強いられたんだ。

「自分たちの町に清掃工場が建つのを反対し続ける杉並区の人たちは、わがままじゃないか！」と考える人たちもいた。1971年9月、江東区の区議会は「杉並区から運ばれてくるごみを受け入れない」ということを決めて、ごみを運ぶ車を道の途中で止めて追い返し始めたんだ。

都知事が「ごみ戦争」を宣言

　当時、東京のごみ処理の事業を管理していたのは東京都。当時の都知事は「迫り来るごみの危機は、都民の生活をおびやかすものである」と言って、「ごみ戦争」を宣言したんだ。知事が「これは戦争です」と宣言するなんて、ちょっとおかしくも思えるよね。でも、知事がそう宣言することで、東京や日本中の人たちが「ごみ処理の問題を自分たちの問題として考えていかないと」という気持ちになったんだ。

　杉並清掃工場についても、排ガスをルールで決められた値よりもきれいにして出すことなどを東京都が約束して、建てられることが決まってから12年後の1982年に完成した。2000年からは、杉並清掃工場も含めて東京二十三区清掃一部事務組合が東京23区の各清掃工場を管理することになった。

　ごみの処理は私たちすべてにかかわる課題だ。あなたが住んでいる家のとなりに清掃工場が建つと決まったらどう思うかな。あなたが住んでいる家の近くに遠くの人たちが出したごみが運ばれてきたらどう思うかな。歴史から学べることがたくさんある。

Chapter 5

ごみが最終処分場へ運ばれるまで

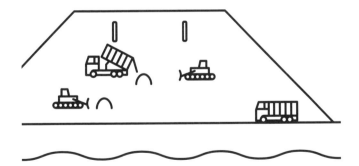

Chapter 5　ごみが最終処分場へ運ばれるまで

最終処分場の仕事を Check!

収集車に集められ、
ごみ処理場で燃やされたりして
小さくなったごみは、
最終処分場に運ばれる。
ごみ処理の最後の段階だ。

「ごみ処理場で燃やされたごみは、そのあとどうなるんだろう」と思った美保さん。インターネットで調べると「最終処分場」というところがあることがわかった。見学もできるらしい。「ぼくも行くよ」と言う清田くん。2人は見学の申し込みをして、最終処分場に行った。

海の中の埋め立て地、最終処分場

  美保さん「船が見えるよ！　あっちには飛行場も！」
清田くん「海のほうにこんな広いところがあるなんて知らなかったね」
 広報担当「こんにちは。見学会にようこそ」
美保さん・清田くん「こんにちは。よろしくお願いします」

広報担当「じゃあ、最終処分場を案内するのでバスに乗ってください」
清田くん「美保さん、これ双眼鏡(そうがんきょう)。いっしょに使おう」
美保さん「ありがとう」
広報担当「**最終処分場は、可燃ごみを燃やしたあとの灰や、不燃ごみを細かく砕(くだ)いたごみなどを埋(う)め立てる場所**です。どうしても資源として再利用できなかったごみだけを埋め立て処分するのよ」
清田くん「向こうにダンプカーとショベルカーが見えますね。遠くだから豆つぶみたいに小さい」
広報担当「ごみ処理場から灰を運んできて、あそこで下ろしているの。ショベルカーで灰の山をならしているのよ。最終処分場の全体の広さは480万平方メートル。校舎や校庭を含めた中学校の広さのおよそ1000倍もあるのよ」
美保さん「学校1000個分か。すごい広さですね」
広報担当「でもね、美保さんや清田くんが住む地域は人口が多いし、ごみがたくさん出るから、なるべく少しずつ使わないといけないの。海には船が通る道があって、そこまでは埋め立て場所を広げられないのよ。だから、ごみを燃やして灰にしたり、細かく砕(くだ)いたりして、埋めるごみの量を少なくしているの」

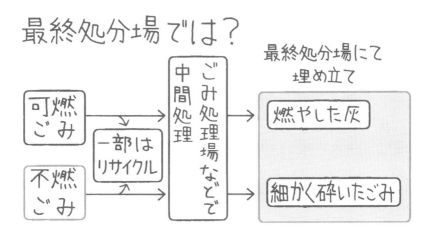

Chapter 5 ごみが最終処分場へ運ばれるまで

最終処分場をイラストで見てみよう

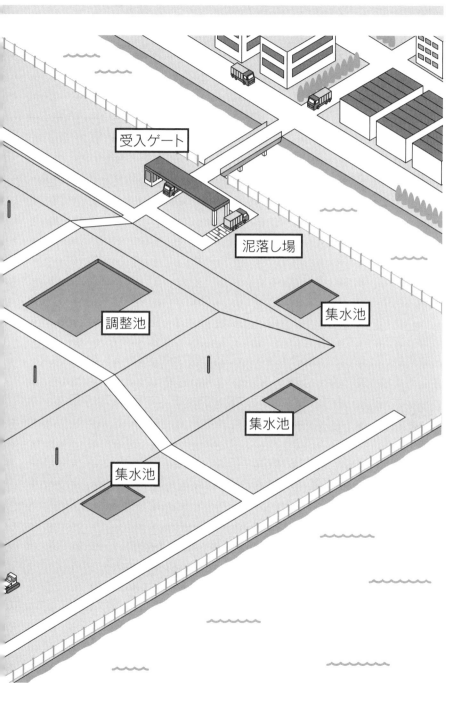

清田くん「さっきからところどころ地面にパイプがささっているのが見えるんですけれど、あれはなんですか……？」

広報担当「ガスを抜くためのパイプなの。埋め立てたごみが分解されると、メタンガスという燃えやすいガスが生じるの。ガスに火がついて火事にならないように、パイプをさしてガスを空気中に散らしているのよ」

美保さん「あっちには、池がある。なぜ池があるんですか」

広報担当「雨が降ったとき、雨水がごみの層にしみ込んで汚れた水になるので、そのまま海には流せないの。だからまわりの道路の脇にいくつかある『集水池』という池に汚れた水を集めて、さらにその水を『調整池』という別の大きな池に移して水の汚れ具合を同じくらいにしてから、最終処分場にある排水処理施設で汚れた水をある程度きれいにするの。きれいにした水を町の中の下水道局の処理場でさらにきれいにしてから、ようやく海に流すのよ」

清田くん「このバス、さっきから坂を上っていますよね」

広報担当「そう。今、車で上っている丘も、ごみを埋め立ててできたのよ。高さは最高30メートル、ビルの10階ぐらいよ。でも、それ以上は高くできないの」

清田くん「どうしてですか」

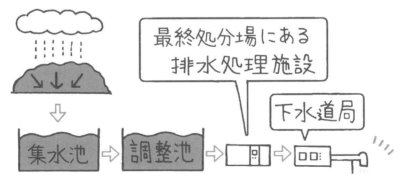

> **コラム　山の中にも最終処分場**
>
> 　2人が見学した最終処分場は海の埋め立て地だけれど、最終処分場は海にあるだけではないんだ。海に面していない市区町村もあるから、山の中にも最終処分場がある。たとえば、東京都の西部にある、23区以外の市や町は、日の出町やあきる野市などの山の中に、みんなで使うための最終処分場を設けている。「できるだけ少しずつ使っていくようにする」という考えはやはり同じだ。日の出町の最終処分場を使う市や町は、ごみを燃やした灰は埋め立てず、セメントの原料にしている。また、あきる野市の最終処分場を使う町や村は、灰を溶かしてガラス質の「スラグ」という材料にして、資源として再利用している。山の中の最終処分場でも、降った雨が汚れた水として外に出て環境を汚染しないように、「遮水シート」と呼ばれる水漏れを防ぐためのシートを敷くなどの対策をしている。

広報担当「近くに空港があるからよ。離着陸する飛行機のじゃまにならないように高さが決まっているの。それに、ごみを高い山にしすぎると、海との境目につくった護岸という海との境目につくった囲いが、重さに耐えられなくなって崩れてしまうのよ」
美保さん「あれっ、向こうの道に、ぎざぎざした大きな鉄の装置が置いてありますね。あっ、ダンプカーがその上を通っていく！」

ごみを埋め立てできた丘だ！

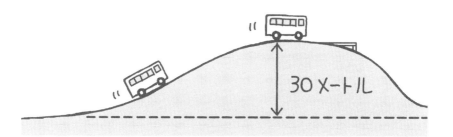

広報担当「あれは『泥落とし場』っていうの。ごみを運び終えたダンプカーが帰っていくとき、一般の道路を汚さないようにギザギザの上を通って、タイヤについた灰などを取り除いていくのよ」

自分たちが出したごみの上に立っている

　バスは丘の頂上まで上り、2人はバスを降りて展望広場へ。ここからは最終処分場の全体が見える。その奥には海。そしてふり返ると大都会が広がっている。

美保さん「すっごくいい眺めねー」

清田くん「本当にそうだね。あっ、双眼鏡で見てみるとぼくたちの町も見えるよ。駅のビル、高層マンション……、学校も見える！」

美保さん「……本当だ。見学したごみ処理場の煙突も見えるね！　ほら」

清田くん「あの町でぼくたち、過ごしているんだね。ここからだと小さ過ぎて見えないけれど、あの町のどこかにぼくや美保さんがいて、家族や友だちもいて、みんな暮らしている。そして**毎日のようにごみを出している。そのごみが、燃やされたり、小さく砕かれたりして、最後にここまで運ばれてくる**……」

残余年数を少しでも長く

最終処分場として使うことのできる土地は限られている。そこで、考えるべきことは「残余年数」、つまり「このあと、ごみを埋め立てることができる年数」だ。最終処分場は計画されている面積に限りがあるので、ごみの埋め立てが進めば進むほど、残余年数は減っていく。けれども、、埋め立てをするペースが遅くなっていけば、残余年数の減りかたも小さくなっていく。だから、最終処分場を"ちょびちょび"と使っていくことが大切なんだ。私たちに求められているのは、ごみを減らす「リデュース（Reduce）」、くり返し使う「リユース（Reuse）」、そして資源として再び使う「リサイクル（Recycle）」だ。この3つは、頭文字がみな「R」なので「3R（スリーアール）」と呼ばれている。

美保さん「そうだね。今、私も清田くんも、自分たちが出した、もともとごみだったものが埋め立てられた上に立っているんだね」

清田くん「ぼくたちが出したごみが、ここに埋め立てられるまでには、いろいろな仕事の人たちがたずさわっている。**たくさんの人がごみ処理の仕事をしているから、ぼくも美保さんも毎日あたりまえのように学校に行ったり遊んだりできる**んだね」

Chapter 6

リサイクルセンターでは、どんな人が働いているの？

Chapter6 リサイクルセンターでは、どんな人が働いているの？

リサイクルセンターの仕事を

粗大ごみなどを手入れして、
リユース品に再生し、
希望する人に提供する。
リサイクルについての情報も
展示する。

　日曜日、美保さんと清田くんは2人で町を散歩していると「リサイクルセンター」の看板が立っている施設を見つけた。「開いているね」「どんなところか入ってみようか」と興味がわいて、2人はリサイクルセンターをのぞいてみることにした。

町の「リサイクルセンター」を発見

清田くん「こんにちはー！」
施設館長「こんにちは。いらっしゃいませ。リサイクルセンターへようこそ」

美保さん「ちょっと、見ていってもいいですか」
施設館長「もちろん、ご案内しますよ。こちらへどうぞ。窓の

外に、トラックで運んできた粗大ごみを下ろしているのが見えるから」
清田くん「あっ、本当だ。たんすや、ソファーなどがたくさんありますね。自転車もある」
施設館長「そう。地域内に住むみなさんが、使っていらなくなったものをとなりの町の収集センターが集めて、トラックでここに運んできてくれるんだ」
清田くん「集めたら、どうするんですか」
施設館長「この**リサイクルセンターで働いている人たちが手入れや修理をして、もう一度、使える状態にする**んだよ。となりの部屋に修理室があるからお見せしましょう。ほら、この部屋だよ」
修理担当「おっ、いらっしゃい」
美保さん「こんにちは。今、どんな修理をしているんですか」
修理担当「勉強机を修理しているんだよ。引き出しのスライドがうまく滑らなくなっているから、レールを交換しているんだ」
清田くん「レールは、どこかで買ってくるんですか。たとえばホームセンターなどで……」
修理担当「いや、ここにはいろいろな粗大ごみが運ばれてくるから、そのなかから、使える部品や材料はないかって探し出すんだ。このレール

Chapter6　リサイクルセンターでは、どんな人が働いているの？

リサイクルセンターを イラストで見てみよう

は、もともとタンスについていたものだよ。タンスのほうは引き出しがひとつなくなっていたから、そのレールを使うことにしたんだ」
清田くん「使えるものは、できるだけ工夫して使うんですね」
施設館長「こうして**修理担当の人が手入れ・修理していって、リユース品として出せる状態になったら、展示室に並べる**んだ。こちらにあるから案内しますよ」

使いたいものを応募し、抽選を待つ

　美保さんと清田くん、施設館長は展示室へ。
美保さん「椅子、テーブル、たんす、ずらりと並んでいますね。まるで家具屋さんみたい……」
清田くん「あっ、こっちにはギターがたくさん！　すごい、すごい」
施設館長「ギターに興味があるのかい。弾いてみてもいいよ」
清田くん（ギターを弾く）「おー、ぼくから言わせてもらったら、まだまだ新品同様の気がします」
施設館長「そうだね。ある人にとってみれば『これはもう古くなったからいらない』というものでも、別の人からすれば『こういうのが欲しか

> **コラム　江戸時代は"リサイクル時代"**
>
> 「江戸時代」って知っているよね。1603年から1867年までのこと。江戸時代を生きた人たちは、今の人よりもごみを出す量がとても少なかったんだ。ひと言でいうと、リサイクルが発達していたんだよ。
>
> たとえば、はきもの。私たちは靴をはいて、すり減らすと、多くの場合ごみとして捨ててしまうよね。一方、江戸時代の人たちは草でできた草鞋をはいていて、旅の途中ではきつぶすと茶店で新しい草鞋を買って、古い草鞋を置いていったんだ。その古い草鞋を農家の人が持ち帰って田んぼの肥やしにした。そして稲が実ると、農家の人たちは刈り取った稲のわらで草鞋をつくって茶店に売った。草鞋がごみになる（ごみにしかならない）ということはなかったんだ。
>
> このように、江戸時代の人たちはいろいろなものをリサイクルしていたんだよ。

った』ということもよくあるからね。こうやって展示をして、リサイクルセンターに来るお客さんに『私が使いたい』っていうものを見つけてもらうんだ」

清田くん「じゃあ、ぼく、このギター使いたい！」
施設館長「よし、そうしたらね、抽選結果通知用の郵便はがきに名前と連絡先を書いて、展示室の受付スタッフに渡して応募してくださいね。」

清田くん「あっ、なんだ、すぐもらって帰れるんじゃないんですか」
施設館長「残念ながらね。このギターを使いたいって思う人はほかにもいるかもしれないから。月に2回、抽選会をしているんだ。抽選結果は、応募のさいに展示室の受付スタッフに渡した郵便はがきでお知らせするから、楽しみにしていてくださいね」

情報が集まる場でもある

　3人は、別の部屋へ移動する。
美保さん「ここは**掲示板に『譲ります』『譲ってください』**って書いてありますね。メモみたいなものがたくさん貼ってある……」
施設館長「ここは**情報コーナー**だよ。家で使うもののうち、自分がいらなくなったものを書いて、『譲ります』のところに貼ってもらうんだ。逆に、使いたいものがあれば書いて、『譲ってください』のところに貼ってもらう。それを2カ月のあいだ掲げておくんだよ。『譲ります』に自分の使いたいものがあったら、直接、連絡をとりあってもらいます」
美保さん「そういう仕組みもあるんですね。じゃあ、私も利用してみようかな。ピアノを使いたい。清田くんのギターに合わせて弾くんだ」

小さなごみと違う、粗大ごみの出し方

粗大ごみの出し方は、通常の燃やすごみや燃やさないごみの出し方とは異なる。市区町村によって少し違いはあるけれど、だいたいつぎのようなものだ。まず、市区町村の専用の受付センターに電話などで申し込んで回収をお願いする。そして、コンビニエンスストアなどであらかじめ「粗大ごみ処理シール」を買って（つまり有料）、それを粗大ごみに貼りつけてから、申し込みのさいに指定された日に出す必要がある。あるいは、決められた施設に粗大ごみを持ち込むこともできるんだよ。持ち込みすれば、有料の費用を少し安くしてくれるところが多い。なお、エアコンやテレビ、洗濯機、冷蔵庫など特定の家電製品やパソコンなどはリサイクルが特に大切になるから、法律では粗大ごみとは別の扱いになっているんだ。

清田くん「ところで、あちらには本が並んでいますね」
施設館長「リサイクルやリユース、それにごみの処理についての本やビデオが置いてあるんだよ。興味ある本はあるかな」
美保さん（本を探す）「清田くん、こんな本があるよ。『ごみ処理場・リサイクルセンターで働く人たち』。読んでみようよ」
清田くん「うん、そうしよう」

ごみやリサイクル、リユースについて学ぶこともできる

リサイクルマーク

Chapter6　リサイクルセンターでは、どんな人が働いているの?

働いている人に Interview! 11
リサイクルセンターの修理スタッフ

粗大(そだい)ごみを手入れ・修理して、
リユース品にする。
ものに"命"を入れて、よみがえらせる。

平船弘(たいらぶね ひろし)さん
エコプラザ用賀(ようが)
リユース修理(しゅうりたんとう)担当

故郷(こきょう)の岩手県(いわて)で過ごしたあと、親戚(しんせき)のいる東京へ。故郷でも経験していた建具屋さんの仕事をする。その後、東京都世田谷区(せたがや)の「エコプラザ用賀」へ。リユース修理担当として、家具などを修理してリユース品にしている。

Interview!

リサイクルセンターの修理スタッフってどんな仕事？

リサイクルセンターが受け入れている粗大ごみを、必要に応じて手入れ・修理して、リユース品にする。また、リサイクルセンターでは家具やおもちゃなどを修理するための「講習会」などのイベントを開いており、修理の仕方を教えることもある。

ごみの減量やリユース、リサイクルを推進する施設

　みなさんこんにちは。私は東京都の世田谷区にある「エコプラザ用賀」という施設でリユース修理担当として働いています。「エコプラザ用賀」は、ごみを減らしたりリサイクルをしたりするのに役立つ情報を地域のみなさんにお知らせしたり、粗大ごみとして出された品物のなかでまだ使える家具などを展示して「使いたい」という人に提供したりする施設です。あなたの住んでいる町にも、「リサイクルセンター」などと呼ばれる、同じような役割をもった施設があるかもしれません。世田谷区内には、ごみを減らしたりリサイクルを進めたりしている団体が講習会などをする「リサイクル千歳台」という施設もあります。

　私は、子どものころから家の障子や戸などをつくる建具屋さんでずっと働いてきました。ふるさとの岩手県でも住み込みで働いていたし、15歳のとき、親戚のいる東京に来てからも、近所に建具屋さんがあったから、そこで建具をつくる仕事をさせてもらいました。

　けれども、だんだんとその建具屋さんでの仕事が少なくなっていってしまって、新たな仕事を探していたところ、うちの奥さんが、「エコプラザ用賀」という施設があるということを聞いたことがあるって言ってくれてね。それで、人材派遣センターを通してここに採用されて、リユース修理担当になったんです。

　正直に言っちゃうと、ここで働いても建具屋さんにいたころよりもも

らえるお金は少ない(笑)。けれども、自分が今までやってきた仕事での技や腕を活かせるから、ここで働いているんです。

工夫して修理し、粗大ごみをよみがえらせる

　粗大ごみを修理してリユース品にする作業では、短い時間でなるべく品物の質を高めなければいけないから、結構大変です。一つひとつの品物に手間暇をかけることができれば、新品と同じくらいに直せることもある。でも、ひとつの品物に時間をかけていると、展示品の数をそろえられないからね。今は1ヵ月で合わせて120個程度の品物を展示することになっているんです。「つぎからつぎへと修理して、リユース品にしていく」っていう感覚ですね。

　それでも、どうにかして粗大ごみを再び使ってもらえるような品物にしたい。品物としての価値を高めたい。だから、「この家具はどう直そうか」といろいろ考えます。たとえば、たんすの上面の板がはがれてしまっているとします。さて、どうするか。そんなときは、たんすの背面のほうは部屋の壁と接して、人から見えない部分になるでしょ。だから背中の面を外して、それを板として使うんです。

2人がかりでたんすを運び込みます

部品を取り換えなければいけないときは、置いてあるほかの家具から取ってくることもあります。欲しい部品がないからって、お店に買いに行くことはしない。リサイクルやリユースを進めていくのが、この施設ですからね。

リユースやリサイクルの活動をしている、このような施設があるんだっていうことを、もっともっと、みなさんには知ってほしいですね。

リサイクルセンターの修理スタッフのある1日

8時45分	業務開始。館長やスタッフたちと朝礼にのぞむ。
9時	修理開始。昨日の作業から引き続き、机を修理してリユース品に。
11時	たんすを修理してリユース品に。
12時	お昼休み。近くのスーパーで弁当を買ってきて、スタッフ仲間の山本靖雄さんとお昼ごはん。
13時	たんす修理の続きをする。
14時30分	椅子の修理をする。
17時15分	業務終了。

※区民が利用するため土曜・日曜・祝日も開館しており、仕事のお休みは閉館日の月曜日ともう一日となる。

頼りになる仲間、山本靖雄さん

「エコプラザ用賀」でリユース修理の作業をしているのは私だけではありません。仲間の一人を紹介します

粗大ごみに手を入れてよみがえらせます

ね。いつも頼らせてもらっている山本靖雄さんです。

　山本さんは、自分で経営していた食品会社をリタイアしたあと、「エコプラザ用賀」でリユース修理の作業を始めた方です。本人はよく「家でずっとテレビを観たりするのが自分は嫌いなんだよ。体を動かすのが好き」って言ってます。山本さんのここでのキャリアは7年以上。私は3年なので、倍以上のキャリアがあります。

　私は建具屋さんで働いていたから、ここでは主に家具の修理などをよくやっています。山本さんのほうは、自転車の修理をしたり、楽器の掃除をしたり。でも、粗大ごみには大きなものや重たいものもあるでしょ。そういうものは、山本さんやほかのスタッフたちと協力しあって直していきます。仲間のみんなに助けてもらいながら作業をしていると、「ああ、とてもありがたいな」と、感謝の気持ちになりますね。私も仲間を助けたくなります。

　スタッフのみんなとは、8月など学校がお休みの時期に小中学校のみんなを招いて工作講座で教えることもしています。大学生も授業の一環でここにやってきて、家具にベタベタと貼られてしまったシールをはがすことなどに挑戦しています。

山本靖雄さん（左）たちと修理室で作業

Interview!

　私が小さかったころには、「欲しいものがあったら自分でつくる」「ものが壊れたら自分で直す」という発想があった。ここで工作などを体験した人たちが、少しでもそういう発想をもつようになってくれたらいいなと思いますね。

「もったいない」「まだ使える」の気持ちを大切に

　日々、たくさんの粗大ごみが、「エコプラザ用賀」に運ばれてきます。いろいろな品物を見ると「まだまだ使えるのにな」と感じることも多い。本当はまだ使えるものをごみとして出してしまうっていうのは、それだけ人びとが贅沢になったっていう証拠なんでしょうね。けれども、今は贅沢になり過ぎているっていう気もします。

　靴でも、2万円するものもあるけれど、1000円で買えるものもある。1000円の靴でも「大切に使おう」っていう気持ちがあれば、2年も3年も使い続けることはできる。

　みなさんには「もったいない」「まだ使える」っていう心をもってほしいですね。

リサイクルセンターの修理スタッフになるには

どんな学校に行けばいいの？

　特にどんな学校に行かなければならないということはない。けれども、粗大ごみを修理する作業がメーンとなるため、「ものを直す」「ものをつくる」といった手作業が得意だと、能力をおおいに発揮することができる。運営する市区町村がリサイクルセンターのスタッフを募集するなどしている。

どんなところで働くの？

　リサイクルセンター内の修理室で作業をする時間が長い。施設内の、車で運ばれてきた粗大ごみの受け入れ場所や、粗大ごみが置かれているストックヤードという部屋へも行く。

Chapter6　リサイクルセンターでは、どんな人が働いているの?

▶ **ごみにまつわるこんな話5**

ごみ処理にかかわる仕事はほかにもさまざま

　この本では、ごみ処理場という施設を中心に、そこやその周辺で働く人たちの仕事について紹介してきた。でも、ごみ処理にかかわる仕事はほかにもたくさんある。そこで、本の中では紹介しきれなかった、ごみ処理関係の仕事について、ここで紹介することにしよう。

●**民間のごみ収集会社の社員**

　最近、市区町村では、民間の会社にごみ収集の作業を頼んで任せるということが多くなってきている。民間の企業の社員たちも、ごみ収集車に乗ってごみを集めていく。みんなの住んでいるような家から出るごみを集める仕事のほかに、会社や病院や学校などが出す「事業系のごみ」を集める仕事もある。

●**民間のリサイクルショップ経営者・店員**

　人びとの使わなくなった家具や家電製品などを集めて、リユース品として売る。集めるときは、安く、または無料で引き取る。そして売るときには値段をつけて(もちろん新品の価格よりは安い値段で)売る。

●**空き缶・空きびんなどのリサイクル企業の社員**

　飲み終えた空き缶や空きびんなどは資源になるので、回収して、リサイクルする会社がある。回収には、学校や自治会の協力を得ることもある。なお、空きびんの種類に、ガラスの原料にするのでな

く、そのままびんとして再利用、つまりリユースする「リターナブルびん」があり、回収してビール会社などにびんを届ける作業をする会社もある。

●ごみ処理行政を担う公務員

どうすれば、ごみをもっと減らすことができるか。どうすれば、ごみ処理をもっと効率よく行うことができるか。そうした、ごみ処理の方法を計画するといった仕事もある。都道府県や市などにある「環境局」などと呼ばれる部署での仕事だ。立てた計画をもとに、住民を含め、ごみ処理にたずさわる人たちが行動をとることになるので、影響力の大きな仕事といえる。

●廃棄物コンサルタント

コンサルタントとは、ある分野についての知識をもち、課題をかかえている人たちの相談にのって、アドバイスをする専門家のこと。廃棄物コンサルタントは、おもに企業などの事業者が出す廃棄物、つまりごみについて、処理の仕方や費用の減らし方などの相談を受ける職業。コンサルタント企業の社員として活動する人が多い。

●産廃Gメン

法律で定められた通りにごみを処理せず、山の中や海の中などにごみを捨てることを「不法投棄」という。その不法投棄を防ぐために、活動するのが「産廃Gメン」と呼ばれる人たち。都道府県庁の職員として、不法投棄がされていないかパトロールしたり、法律を破った企業を取り締まったりする。「Gメン」は、英語の"Government men"を略したもので、日本では警察官以外で捜査や摘発などを行う役人のことを指す。

この本ができるまで
——あとがきに代えて

　この本を最後まで読んでくれて、どうもありがとうございました。
　ごみ処理の仕事にたずさわるさまざまな人たちに、お話を聞かせてもらいました。お忙しい中、実際の働く姿を見せてくれたり、お話を聞かせてくださったすべてのみなさんに感謝いたします。取材の相談に乗ってくださり、スケジュールの調整などをしてくださったみなさんにも感謝いたします。
　この本を書く仕事の相談を最初にいただいたときの気持ちを正直に告白すると、「ごみの処理の仕事についての話って、地味だよなぁ。おもしろいのかなぁ」といったものでした。私自身の「ごみ」に対する関心の低さが影響していたのだと思います。
　けれども、取材を終えて、すべての原稿を書き終えようとしている今、最初のそんな気持ちは、どこかへ吹っ飛んでしまいました。理由はふたつあります。ひとつは、ごみ処理の技術や仕組みがとてもよくできたものだと実感したからです。そしてもうひとつは、お話を聞かせてもらった人たちのすべてが、それぞれの仕事に興味、やりがい、そして誇りをもっていると感じられたからです。
「やっているうちにおもしろくなる」っていうことはあるんですね。
　あなたにも、この本を読んで「楽しくなってきた」「ごみ処理の仕事に興味がわいてきた」と思っていただけたら、うれしいです。
　最後に、執筆の機会を与えてくださり、取材に同行し、編集をしてくださった、ぺりかん社の中川和美さんに厚くお礼を申しあげます。

この本に協力してくれた人たち(50音順)

エコプラザ用賀
平船 弘さん、山本靖雄さん、栁舘 譲さん

世田谷区広報広報課
西中伸太郎さん

世田谷区砧清掃事務所
大塚裕一さん、大矢拓実さん、林 寛之さん

東京都環境局
中村陽子さん

東京二十三区清掃一部事務組合
石川勝之さん、石原史大さん、河西 朗さん、黒田将之さん、澤田 葵さん、白取靖佳さん、菅原孝洋さん、中井勇気さん、保科亮太さん、吉田慎太朗さん、渡辺俊哉さん

装幀：菊地信義

本文デザイン・イラスト：山本 州 (raregraph)
本文 DTP：武村 昂、熊谷明子
本文写真：漆原次郎

［著者紹介］
漆原次郎（うるしはら じろう）

フリーランス記者。1975年生まれ。神奈川県出身。出版社で8年にわたり理工書の編集をしたあと、フリーランス記者に。科学誌や経済誌などに科学、技術、産業などの分野を中心とする記事を寄稿している。早稲田大学大学院科学技術ジャーナリスト養成プログラム修了。日本科学技術ジャーナリスト会議理事。著書に『宇宙飛行士になるには』（ぺりかん社）、『原発と次世代エネルギーの未来がわかる本』（洋泉社）、『模倣品対策の新時代』（発明協会）、『日産 驚異の会議』（東洋経済新報社）などがある。

しごと場見学！──ごみ処理場・リサイクルセンターで働く人たち

2016年12月25日　初版第1刷発行

著　者：漆原次郎
発行者：廣嶋武人
発行所：株式会社ぺりかん社
　　　　〒113-0033　東京都文京区本郷1-28-36
　　　　TEL:03-3814-8515（営業）　03-3814-8732（編集）
　　　　http://www.perikansha.co.jp/
印刷・製本所：株式会社太平印刷社

ⓒ Urushihara Jiro 2016
ISBN978-4-8315-1455-4
Printed in Japan

出版案内

しごと場見学！シリーズ

しごとの現場としくみがわかる！

第1期〜第7期
全30巻

全国中学校進路指導・
キャリア教育連絡協議会 推薦

私たちの暮らしの中で利用する場所や、施設にはどんな仕事があって、どんな仕組みで成り立っているのかを解説するシリーズ。

豊富なイラストや、実際に働いている人たちへのインタビューで、いろいろな職種を網羅して紹介。本書を読むことで、「仕事の現場」のバーチャル体験ができます。

シリーズ第1期：全7巻
病院で働く人たち／駅で働く人たち／放送局で働く人たち／学校で働く人たち／介護施設で働く人たち／美術館・博物館で働く人たち／ホテルで働く人たち

シリーズ第2期：全4巻
消防署・警察署で働く人たち／スーパーマーケット・コンビニエンスストアで働く人たち／レストランで働く人たち／保育園・幼稚園で働く人たち

シリーズ第3期：全4巻
港で働く人たち／船で働く人たち／空港で働く人たち／動物園・水族館で働く人たち

シリーズ第4期：全4巻
スタジアム・ホール・シネマコンプレックスで働く人たち／新聞社・出版社で働く人たち／遊園地・テーマパークで働く人たち／牧場・農場で働く人たち

シリーズ第5期：全3巻
美容室・理容室・サロンで働く人たち／百貨店・ショッピングセンターで働く人たち／ケーキ屋さん・カフェで働く人たち

シリーズ第6期：全3巻
工場で働く人たち／ダム・浄水場・下水処理場で働く人たち／市役所で働く人たち

シリーズ第7期：全5巻
銀行で働く人たち／書店・図書館で働く人たち／クリニック・薬局で働く人たち／商店街で働く人たち／ごみ処理場・リサイクルセンターで働く人たち

一部品切中のものがございます。在庫につきましては、小社営業部までお問い合わせください。

各巻の仕様	A5判／並製／160頁／価格：本体1900円+税

出版案内

発見！しごと偉人伝 シリーズ
近現代の伝記で学ぶ職業人の「生き方」シリーズ

本シリーズの特色

- 各巻がテーマとする分野で、近現代に活躍した偉人たちの伝記を収録。
- 豊富な図、イラストで、重要ポイントや、基礎知識などをわかりやすく解説。

発見！しごと偉人伝①
医師という生き方
茨木 保 著

［本書に登場する偉人］
- 野口英世（医学者）
- 北里柴三郎（医学者）
- 荻野吟子（産婦人科・小児科医）
- 山極勝三郎（医学者）
- 荻野久作（産婦人科医・医学者）
- 永井 隆（放射線科医）
- ナイチンゲール（看護師）
- 国境なき医師団（NGO）

価格：**本体1500円＋税**
ISBN 978-4-8315-1272-7 C0047

発見！しごと偉人伝②
技術者という生き方
上山明博 著

［本書に登場する偉人］
- 糸川英夫（ロケット博士）
- 本田宗一郎（エンジニア）
- 屋井先蔵（発明起業家）
- 安藤 博（エンジニア）
- 内藤多仲（建築家）
- 田中耕一（エンジニア）

価格：**本体1500円＋税**
ISBN 978-4-8315-1313-7 C0037

発見！しごと偉人伝③
教育者という生き方
三井綾子 著

［本書に登場する偉人］
- ペスタロッチ（教育者）
- フレーベル（幼児教育者）
- モンテッソーリ（幼児教育者）
- コルチャック（教育者・小児科医）
- 緒方洪庵（教育者・医師）
- 福沢諭吉（教育者）
- 嘉納治五郎（教育者・柔道家）
- 津田梅子（教育者）
- 宮沢賢治（児童文学者）
- 大村はま（教育者）

価格：**本体1500円＋税**
ISBN 978-4-8315-1331-1 C0037

発見！しごと偉人伝④
起業家という生き方
小堂敏郎・谷 隆一 著

［本書に登場する偉人］
- 松下幸之助（起業家・パナソニック創業者）
- 井深 大（起業家・ソニー創業者）
- 盛田昭夫（起業家・ソニー創業者）
- 安藤百福（起業家・日清食品創業者）
- 小倉昌男（経営者・ヤマト運輸）
- 村田 昭（経営者・村田製作所）
- 江副浩正（起業家・リクルート創業者）
- スティーブ・ジョブズ（起業家・アップル創業者）

価格：**本体1500円＋税**
ISBN 978-4-8315-1371-7 C0034

発見！しごと偉人伝⑤
農業者という生き方
藤井久子 著

［本書に登場する偉人］
- 二宮金次郎（農業者）
- 青木昆陽（農学者）
- 船津伝次平（農業指導者）
- 中山久蔵（農業者）
- 福岡正信（農業者）
- 杉山彦三郎、松戸覚之助、阿部亀治（農業者）
- 西岡京治（農業指導者）
- 安藤昌益（思想家・農業者）

価格：**本体1500円＋税**
ISBN 978-4-8315-1384-7 C0061

各巻の仕様	四六判／並製カバー装／平均180頁	価格：本体1500円＋税

出版案内

会社のしごとシリーズ　全6巻
会社の中にはどんな職種があるのかな？

社会にでると多くの人たちが「会社」で働きます。会社には、営業や企画、総務といったしごとがありますが、これらがどういうしごとであるか、意外と正しく理解されていないのではないでしょうか？
このシリーズでは、会社の職種を6つのグループに分けて分かりやすく紹介し、子どもたちに将来のしごとへの理解を深めてもらうことを目指します。

松井大助 著

① 売るしごと
営業・販売・接客
ISBN 978-4-8315-1306-9

お客さまと向き合い、会社の商品であるモノやサービスを買ってもらえるように働きかける「営業・販売・接客」のしごと。実際に働く14名へのインタビューを中心に、くわしく紹介します。

② つくるしごと
研究・開発・生産・保守
ISBN 978-4-8315-1323-6

ニーズにあった形や色・機能の商品を、適切な技術と手順で商品に仕上げ、管理する「研究・開発・生産・保守」のしごと。実際に働く14名へのインタビューを中心に、くわしく紹介します。

③ 考えるしごと
企画・マーケティング
ISBN 978-4-8315-1341-0

新たなモノやサービスを考え出し、お客様に買ってもらうための作戦を立てる「企画・マーケティング」のしごと。実際に働く14名へのインタビューを中心に、くわしく紹介します。

④ 支えるしごと
総務・人事・経理・法務
ISBN 978-4-8315-1350-2

各部門の社員が十分に力を発揮できるように、その活動をサポートする「総務・人事・経理・法務」のしごと。実際に働く14名へのインタビューを中心に、くわしく紹介します。

⑤ そろえるしごと
調達・購買・生産管理・物流
ISBN 978-4-8315-1351-9

工場やお店に必要なモノがそろうように手配する「調達・購買・生産管理・物流」のしごと。実際に働く14名へのインタビューを中心に、くわしく紹介します。

⑥ 取りまとめるしごと
管理職・マネージャー
ISBN 978-4-8315-1352-6

みんながいきいきと働いて、目的を達成できるように取りまとめる「管理職・マネージャー」のしごと。実際に働く14名へのインタビューを中心に、くわしく紹介します。

| 各巻の仕様 | A5判／上製カバー装／平均160頁 | 価格：本体2800円＋税 |

出版案内

探検! ものづくりと仕事人
仕事人が語る、ものづくりのおもしろさ！　全5巻

本シリーズの特色
- その商品ができるまでと、かかわる人たちをMAPで一覧！
- 大きな写真と豊富なイラストで、商品を大図解！
- できるまでの工場見学をカラーページで紹介！
- 仕事人のインタビューから、仕事のやりがいや苦労がわかる！
- 歴史や知識もわかる、豆知識ページつき！

マヨネーズ・ケチャップ・しょうゆ
山中伊知郎 著
ISBN 978-4-8315-1329-8

マヨネーズ　マヨネーズができるまでを見てみよう！　マヨネーズにかかわる仕事人！　ケチャップ　ケチャップができるまでを見てみよう！　ケチャップにかかわる仕事人！　しょうゆ　しょうゆができるまでを見てみよう！　しょうゆにかかわる仕事人！　まめちしき（マヨネーズの歴史　他）

ジーンズ・スニーカー
山下久猛 著
ISBN 978-4-8315-1335-9

ジーンズ　ジーンズができるまでを見てみよう！　ジーンズにかかわる仕事人！　スニーカー　スニーカーができるまでを見てみよう！　スニーカーにかかわる仕事人！　まめちしき（ジーンズの歴史・生地の話、スニーカーの歴史、スニーカーの選び方）

シャンプー・洗顔フォーム・衣料用液体洗剤
浅野恵子 著
ISBN 978-4-8315-1361-8

シャンプー　シャンプーができるまでを見てみよう！　シャンプーにかかわる仕事人！　洗顔フォーム　洗顔フォームができるまでを見てみよう！　洗顔フォームにかかわる仕事人！　衣料用液体洗剤　衣料用液体洗剤ができるまでを見てみよう！　衣料用液体洗剤にかかわる仕事人！　まめちしき（シャンプーの歴史　他）

リップクリーム・デオドラントスプレー・化粧水
津留有希 著
ISBN 978-4-8315-1363-2

リップクリーム　リップクリームができるまでを見てみよう！　リップクリームにかかわる仕事人！　デオドラントスプレー　デオドラントスプレーができるまでを見てみよう！　デオドラントスプレーにかかわる仕事人！　化粧水　化粧水ができるまでを見てみよう！　化粧水にかかわる仕事人！　まめちしき（リップクリームの歴史　他）

チョコレート菓子・ポテトチップス・アイス
戸田恭子 著
ISBN 978-4-8315-1368-7

チョコレート菓子　チョコレート菓子ができるまでを見てみよう！　チョコレート菓子にかかわる仕事人！　ポテトチップス　ポテトチップスができるまでを見てみよう！　ポテトチップスにかかわる仕事人！　アイス　アイスができるまでを見てみよう！　アイスにかかわる仕事人！　まめちしき（チョコレート菓子の歴史　他）

各巻の仕様	A5判／上製カバー装／平均128頁／一部カラー　　価格：本体2800円＋税

【なるにはBOOKS】

税別価格 1170円～1500円

- ❶ ── パイロット
- ❷ ── 客室乗務員
- ❸ ── ファッションデザイナー
- ❹ ── 冒険家
- ❺ ── 美容師・理容師
- ❻ ── アナウンサー
- ❼ ── マンガ家
- ❽ ── 船長・機関長
- ❾ ── 映画監督
- ❿ ── 通訳・通訳ガイド
- ⓫ ── グラフィックデザイナー
- ⓬ ── 医師
- ⓭ ── 看護師
- ⓮ ── 料理人
- ⓯ ── 俳優
- ⓰ ── 保育士
- ⓱ ── ジャーナリスト
- ⓲ ── エンジニア
- ⓳ ── 司書
- ⓴ ── 国家公務員
- ㉑ ── 弁護士
- ㉒ ── 工芸家
- ㉓ ── 外交官
- ㉔ ── コンピュータ技術者
- ㉕ ── 自動車整備士
- ㉖ ── 鉄道員
- ㉗ ── 学術研究者(人文・社会科学系)
- ㉘ ── 公認会計士
- ㉙ ── 小学校教師
- ㉚ ── 音楽家
- ㉛ ── フォトグラファー
- ㉜ ── 建築技術者
- ㉝ ── 作家
- ㉞ ── 管理栄養士・栄養士
- ㉟ ── 販売員・ファッションアドバイザー
- ㊱ ── 政治家
- ㊲ ── 環境スペシャリスト
- ㊳ ── 印刷技術者
- ㊴ ── 美術家
- ㊵ ── 弁理士
- ㊶ ── 編集者
- ㊷ ── 陶芸家
- ㊸ ── 秘書
- ㊹ ── 商社マン
- ㊺ ── 漁師
- ㊻ ── 農業者
- ㊼ ── 歯科衛生士・歯科技工士
- ㊽ ── 警察官
- ㊾ ── 伝統芸能家
- ㊿ ── 鍼灸師・マッサージ師
- ⓬ ── 青年海外協力隊員
- ❺❷ ── 広告マン
- ❺❸ ── 声優
- ❺❹ ── スタイリスト
- ❺❺ ── 不動産鑑定士・宅地建物取引主任者
- ❺❻ ── 幼稚園教師
- ❺❼ ── ツアーコンダクター
- ❺❽ ── 薬剤師
- ❺❾ ── インテリアコーディネーター
- ❻⓪ ── スポーツインストラクター
- ❻❶ ── 社会福祉士・精神保健福祉士
- ❻❷ ── 中小企業診断士
- ❻❸ ── 社会保険労務士
- ❻❹ ── 旅行業務取扱管理者
- ❻❺ ── 地方公務員
- ❻❻ ── 特別支援学校教師
- ❻❼ ── 理学療法士
- ❻❽ ── 獣医師
- ❻❾ ── インダストリアルデザイナー
- ❼⓪ ── グリーンコーディネーター
- ❼❶ ── 映像技術者
- ❼❷ ── 棋士
- ❼❸ ── 自然保護レンジャー
- ❼❹ ── 力士
- ❼❺ ── 宗教家
- ❼❻ ── CGクリエータ
- ❼❼ ── サイエンティスト
- ❼❽ ── イベントプロデューサー
- ❼❾ ── パン屋さん
- ❽⓪ ── 翻訳家
- ❽❶ ── 臨床心理士
- ❽❷ ── モデル
- ❽❸ ── 国際公務員
- ❽❹ ── 日本語教師
- ❽❺ ── 落語家
- ❽❻ ── 歯科医師
- ❽❼ ── ホテルマン
- ❽❽ ── 消防官
- ❽❾ ── 中学校・高校教師
- ❾⓪ ── 動物看護師
- ❾❶ ── ドッグトレーナー・犬の訓練士
- ❾❷ ── 動物飼育係・イルカの調教師
- ❾❸ ── フードコーディネーター
- ❾❹ ── シナリオライター・放送作家
- ❾❺ ── ソムリエ・バーテンダー
- ❾❻ ── お笑いタレント
- ❾❼ ── 作業療法士
- ❾❽ ── 通関士
- ❾❾ ── 杜氏
- ❿⓪ ── 介護福祉士
- ❿❶ ── ゲームクリエータ
- ❿❷ ── マルチメディアクリエータ
- ❿❸ ── ウェブクリエータ
- ❿❹ ── 花屋さん
- ❿❺ ── 保健師・助産師・養護教諭
- ❿❻ ── 税理士
- ❿❼ ── 司法書士
- ❿❽ ── 行政書士
- ❿❾ ── 宇宙飛行士
- ⓫⓪ ── 学芸員
- ⓫❶ ── アニメクリエータ
- ⓫❷ ── 臨床検査技師・診療放射線技師・臨床工学技士
- ⓫❸ ── 言語聴覚士・視能訓練士・義肢装具士
- ⓫❹ ── 自衛官
- ⓫❺ ── ダンサー
- ⓫❻ ── ジョッキー・調教師
- ⓫❼ ── プロゴルファー
- ⓫❽ ── カフェオーナー・カフェスタッフ・バリスタ
- ⓫❾ ── イラストレーター
- ⓬⓪ ── プロサッカー選手
- ⓬❶ ── 海上保安官
- ⓬❷ ── 競輪選手
- ⓬❸ ── 建築家
- ⓬❹ ── おもちゃクリエータ
- ⓬❺ ── 音響技術者
- ⓬❻ ── ロボット技術者
- ⓬❼ ── ブライダルコーディネーター
- ⓬❽ ── ミュージシャン
- ⓬❾ ── ケアマネジャー
- ⓭⓪ ── 検察官
- ⓭❶ ── レーシングドライバー
- ⓭❷ ── 裁判官
- ⓭❸ ── プロ野球選手
- ⓭❹ ── パティシエ
- ⓭❺ ── ライター
- ⓭❻ ── トリマー
- ⓭❼ ── ネイリスト
- ⓭❽ ── 社会起業家
- ⓭❾ ── 絵本作家
- ⓮⓪ ── 銀行員
- ⓮❶ ── 警備員・セキュリティスタッフ
- ⓮❷ ── 観光ガイド
- ⓮❸ ── 理系学術研究者
- ⓮❹ ── 気象予報士・予報官
- 補巻1 ── 空港で働く
- 補巻2 ── 美容業界で働く
- 補巻3 ── 動物と働く
- 補巻4 ── 森林で働く
- 補巻5 ── 「運転」で働く
- 補巻6 ── テレビ業界で働く
- 補巻7 ── 「和の仕事」で働く
- 補巻8 ── 映画業界で働く
- 補巻9 ── 「福祉」で働く
- 補巻10 ── 「教育」で働く
- 補巻11 ── 環境技術で働く
- 補巻12 ── 「物流」で働く
- 補巻13 ── NPO法人で働く
- 補巻14 ── 子どもと働く
- 補巻15 ── 葬祭業界で働く
- 補巻16 ── アウトドアで働く
- 補巻17 ── イベントの仕事で働く
- 別巻 ── 理系のススメ
- 別巻 ── 「働く」を考える
- 別巻 ── 働く時のルールと権利
- 別巻 ── 就職へのレッスン
- 別巻 ── 数学は「働く力」
- 別巻 ── 働くための「話す・聞く」

一部品切中のものがございます。在庫につきましては、小社営業部までお問い合わせください。

16.12.